U0285300

室内设计与制图

田婧 黄晓瑜 编著

清华大学出版社

北 京

内 容 简 介

　　室内设计装修图纸是设计师与客户沟通的工具，也是后续施工的重要依据，本书从基本的户型勘察、丈量尺寸、平面图的配置开始，循序渐进地介绍室内装修设计中设计师可能遇到的各种问题及应对方法，并详细地介绍了室内设计装修图纸的绘制技巧，以及如何精准的呈现室内制图的方法及设计理念。

　　作者将十多年的室内设计装修从业经验倾囊相授，希望可以帮助学习者绘制更美观、更专业、更正确的室内设计图纸。

　　本书适合即将或者已经从事室内设计的专业技术人员、想快速提高绘图技能的爱好者，也可以作为室内设计相关专业的辅导用书。

本书封面贴有清华大学出版社防伪标签，无标签者不得销售。

版权所有，侵权必究。侵权举报电话：010-62782989　13701121933

图书在版编目（CIP）数据

室内设计与制图 / 田婧，黄晓瑜编著 . -- 北京：清华大学出版社，2017

ISBN 978-7-302-44478-7

Ⅰ.①室… Ⅱ.①田… ②黄… Ⅲ.①室内装饰设计－建筑制图 Ⅳ.① TU238

中国版本图书馆 CIP 数据核字 (2016) 第 171542 号

责任编辑：陈绿春
封面设计：潘国文
责任校对：徐俊伟
责任印制：何　芊

出版发行：清华大学出版社
　　　　　网　　　址：http://www.tup.com.cn，http://www.wqbook.com
　　　　　地　　　址：北京清华大学学研大厦 A 座　　　　邮　　编：100084
　　　　　社 总 机：010-62770175　　　　　　　　　　　邮　　购：010-62786544
　　　　　投稿与读者服务：010-62776969，c-service@tup.tsinghua.edu.cn
　　　　　质量反馈：010-62772015，zhiliang@tup.tsinghua.edu.cn
印 刷 者：北京富博印刷有限公司
装 订 者：北京市密云县京文制本装订厂
经　　销：全国新华书店
开　　本：188mm×260mm　　　　印　　张：17　　　　字　　数：461 千字
版　　次：2017 年 4 月第 1 版　　　　　　　　　　印　　次：2017 年 4 月第 1 次印刷
印　　数：1～3000
定　　价：49.00 元

产品编号：068396-01

前　言

室内设计全套图纸种类较多，其中最重要的平面设计图中，每个物体、线条、尺寸、形状及绘制方法都有其专业考量，通常国内室内设计师都是基于实战经验和习惯展开设计的，不像建筑设计与施工那样有明确的国标规范依循。一些新手或是经验不够的设计人员常会出现设计图过于简单、符号标识不清等问题，常遭业主质疑其设计水平，甚至于让施工人员产生误解而造成施工错误。

本书内容

本书共分 8 章，通过极具代表性的室内设计实例，按照室内制图的规范和顺序，循序渐进地介绍了室内设计与工程制图方面的广泛应用。

※ 第 1 章：本章作为室内设计的入门引导，强调学习者必须先掌握相关的基础知识，如前期要进行哪些准备、要了解怎样的室内设计诸多风格与环境之间的关系、室内施工现场的测量与分析、及跟室内设计相关的风水习俗、装修工程中所需的强弱电与水暖基础知识等。

※ 第 2 章：本章主要讲解在制作室内设计图纸前，学习者要明白制图的规范是什么，如何根据制图规范在 AutoCAD 中设置相关的参数与选项。

※ 第 3 章：本章主要讲解平面布置图的绘制需要考虑诸多的人体尺度、空间位置、色彩等方面因素。

※ 第 4 章：本章将点讲解室内装饰施工设计的表现——顶棚平面图的相关理论及制图知识。室内装饰施工图术语建筑装饰设计范围，在图样标题栏的图别中简称"装施"或"饰施"。

※ 第 5 章：室内装修设计全套图纸中，除前面介绍的施工图外，还有立面图、节点详图、拆除示意图、新建墙尺寸平面图、弱电配置图（电气图）、给排水配置图、空调配置图等。

※ 第 6 章：本章介绍如何对二手房进行改造并完成全新装修。随着二手房市场的升温，二手房装修也成了市场热点，二手房装修的内容一般包括基础的水电线改造、墙面翻新、吊顶处理、地板翻新、门窗翻新等基础工程，由于建筑时间过久，很多二手房在拆改的过程中极易出现问题，这给施工造成了一定的影响。

※ 第 7 章：本章将详细介绍 Autodesk 公司的 Homestyler 美家达人网络在线设计工具在室内装修效果图设计中的应用。

※ 第 8 章：绘制装修图纸时总会遇到一些绘图技巧或设计技术方面的问题，本章就对常见的一些问题进行汇总，供大家参考。

本书特色

目前市场上不乏室内设计的书籍，但通常都是软件的基础操作讲解，却较少有讲述怎样根据实际户型的特点和业主的要求进行图纸设计和装修施工的，此类书籍仅仅是软件操作书籍，并不是真正意义上的室内设计书籍。

鉴于此，笔者以十年从业设计的经验执笔，为室内设计初学者和室内设计人员量身打造室内设计专业图书，目的是帮助学习者绘制更美观、更专业、更正确的室内设计图纸。

本书适合即将和已经从事室内设计的专业技术人员、想快速提高 AutoCAD 绘图技能的作图爱好者阅读，可作为大中专和相关培训学校的教材。

光盘下载

目前图书市场上，计算机图书中夹带随书光盘销售而导致光盘损坏的情况屡屡出现，有鉴于此，本书特将随书光盘制作成网盘文件。

下载百度云网盘文件的方法如下：

（1）下载并安装百度云管家客户端（如果是手机，请下载安卓版或苹果版；如果是计算机，请下载 Windows 版）；

（2）新用户请注册一个账号，然后登录到百度云网盘客户端中；

（3）利用手机扫描右侧或者封底的二维码，可进入文件连接地址中，将光盘文件转存到自己的百度云网盘中或者下载；

（4）本书素材文件在百度云网盘的下载地址如下：

http://pan.baidu.com/s/1c0NQwRu

百度云网盘

（5）扫描右侧二维码请关注微信公众号：盛世博文科技。

※ 关注微信公众号或 QQ 群便于读者和作者面对面交流，时时解答学习上的疑惑。

※ 根据读者的需求，我们会在各大在线学习平台如腾讯课堂、网易云课堂、百度传课等，上传教学视频或在线视频教学。

微信公众号

温馨提示：若网盘链接地址失效，可以通过"设计之门－AutoCAD"QQ群：301056926 索取光盘资料，如果群显示已满，请先关注公众号，在公众号中索取新的 QQ 群地址。

作者信息

本书由桂林电子科技大学信息科技学院的田婧老师和黄晓瑜老师主笔，参加编写的还包括：张雨滋、黄成、孙占臣、罗凯、刘金刚、王俊新、董文洋、张学颖、鞠成伟、杨春兰、刘永玉、金大玮、陈旭、田婧、王全景、马萌、高长银、戚彬、张庆余、赵光、刘纪宝、王岩、任军、秦琳晶、李勇、李华斌、张阳、彭燕莉、李明新、杨桃、张红霞、李海洋、林晓娟、李锦、郑伟、周海涛、刘玲玲、吴涛、阮夏颖、张莹、吕英波。感谢您选择了本书，希望我们的努力对您的工作和学习有所帮助，也希望您把对本书的意见和建议告诉我们。

作者

2017 年 1 月

目　录

第5章 绘制其他装修图纸

第6章 房型改造装修方案设计

第7章 绘制 2D 与 3D 装修效果图

第 8 章　装修施工与图纸绘制的问题

新手必备基本概念

有些室内设计新手在接到设计任务后，不是对整个项目做前期规划、分析，而是马上利用AutoCAD、SketchUP、3ds Max、Photoshop等主流软件进行图纸设计、三维建模和后期效果图制作，这样一来所做的设计就得不到客户的肯定和采纳，以至于造成了人力、物力和时间的浪费。因此，在室内设计之前，你必须掌握相关的基础知识，如前期要进行哪些准备、要了解室内设计风格与环境之间的关系、室内施工现场的测量与分析、与室内设计相关的风水习俗、装修工程中所需的强弱电与水暖基础知识等。

※ 室内装修前的准备工作
※ 室内装修风格
※ 室内装修工程设计中的风水习俗
※ 室内装修工程所需基本图纸

1.1 室内装修前的准备工作

在与客户（业主）达成初步的设计意向之后，并非要马上进行制图，而是需要设计师科学地进行现场实地勘察、与一线施工人员交流、反复地与客户协商并交换意见、绘制正确的室内设计图纸并进行合理的硬装与软装配置。

1.1.1 与客户深入交流

室内装修得好与坏、舒适与美观如何，除了设计师自身具备较高的专业水平外，还需要得到客户的首肯，毕竟装修的房子是为客户入住而准备的。

首先，设计师要了解客户的基本需求，然后再全面了解客户待装房间的基本情况，确定装修级别、设计风格、主要材料，以及做好客户登记、安排好现场实地勘察时间等，如图 1-1 所示为设计师与客户交流的现场。

图 1-1 设计师与客户的现场交流

当客户随意要求改动房间户型时，应根据相关的建筑与安装的安全规范与客户交流，不要轻易做出改动承诺。而且暖气、煤气、自来水管线等的变动也不要轻易承诺。

在与客户交流时，要本着诚恳、负责的态度，充分赢得其信任。在施工阶段，也要时时与客户交换意见并协商处理出现的问题。总之，要做到贴心服务、诚恳做事。

1.1.2 现场实地勘察与测量

室内设计要突破以往的固定思维（"风水"另论），如怎样解决客厅视野较差的问题、厨房空间较小的问题、卧室布局的问题等，诸如此类的问题都需要设计师到现场实地用心观察，按客户的需求对既有的格局做出调整和变更。

实地勘察过程中，需遵循房型测量规范，要做到认真细致，要标注出上下水管、暖气、卫生间和厨房设施的准确位置，向客户指明基本情况，并向客户提出是否需要修改的意见；其次，要认真填写测量记录，以保证在约定期限内给出室内施工图纸，并执行施工计划。

进行现场测量房型时，要准备丈量工具。

◆ 卷尺：分为普通卷尺和鲁班尺，如图 1-2 所示。通常室内设计要用到鲁班尺。

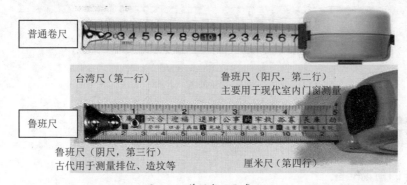

图 1-2 普通卷尺和鲁班尺

◆ 相机：当考虑到"风水"和室内户型出现斜面、弧形、圆形、挑空等异形时，有必要对整个建筑外观和周边的建筑进行拍照进而加深了解，如图 1-3 所示。同时，还可以利用相机拍下门牌号记录地址。

图 1-3 对建筑外观拍照

◆ 方格纸或白纸：计算机绘图前，使用铅笔、圆珠笔或其他画笔手绘出大致的房型轮廓图，便于后期格局的变更，如图1-4所示。

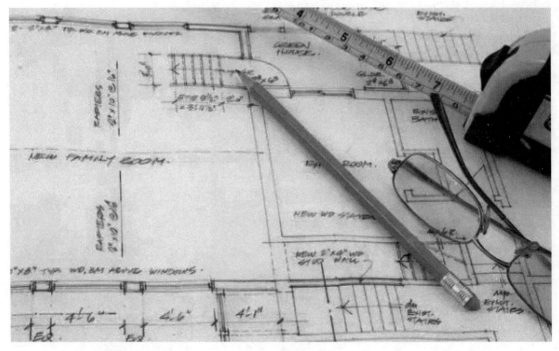

图1-4 手绘室内房型

1.1.3 装修现场放线

1．放线工作的前期准备

施工现场放线的前期需要做详细的准备工作，避免因仓促施工造成不可估量的不良后果，特别是工期特别紧的项目，这样做可以缩短工期。

房型测量以后，设计师手绘户型图并利用软件绘制标准图纸（如有可能向开发商索取）。离开现场回到办公室需要做以下准备工作。

◆ 阅读核对并审核所有的建筑、装饰施工图纸，防止互相矛盾、尺寸出错。首先阅读建筑图纸中的总平面图，再了解该建筑的首层和每层的层高。

◆ 组织深化设计。施工员、各班组一起仔细阅读建筑施工图中相关的立面图和剖面图，查看立面的门、窗和装修图纸设计中的位置、尺寸等是否有出入。

◆ 仔细阅读相关的水、电、暖、消防安装施工图，了解它们的出入口和走向定位，并判断是否与装修图纸吻合。

◆ 整理从图纸中发现的各类问题，报相关人员，必须在现场放线过程中一一解决。

◆ 制作放线计划，组织放线人员，准备放线工具，掌握土建图纸中的主控线和轴线。

(1) 放线现场的准备

如果比较仓促，即使到了施工现场，在放线时也要进行准备工作，做到施工与规划一致。

◆ 根据建筑总平面图到现场草测，核对图纸上的理论尺寸与现场实际尺寸是否吻合，现场找出土建的轴线和主控线，如图1-5所示。

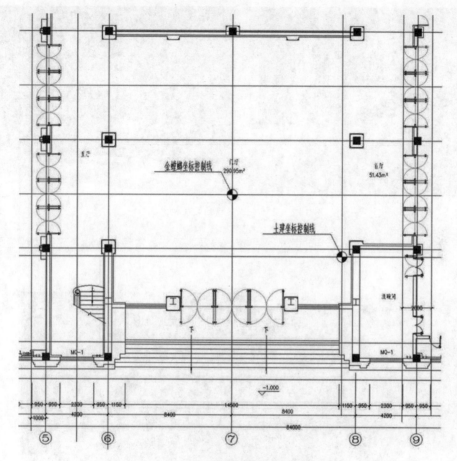

图1-5 轴线和主控线示意图

◆ 仔细查阅装饰施工图纸，开始准备放线，如图1-6所示。

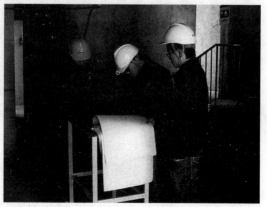

图1-6 仔细查阅装饰施工图纸

(2) 放线工具的准备

当空调、给排水、暖通、强弱电单位均未进场施工时，土建二次结构又进入尾声，工地障碍物少，有利于经纬仪器、水准仪等仪器放线施工（减少施工单位进场后材料堆放影响放线，增加协调难度），如图 1-7 所示为放线最佳时期的施工现场状态。

图 1-7　装修施工现场的最佳状态

放线需准备图纸、喷字牌、全自动激光水平仪、卷尺、墨斗、白线、自动喷漆等放线工具，如图 1-8 所示。

图 1-8　准备的放线所需工具

(3) 五步放线前的主控线与轴线定位

完成所有的准备工作后，采用五步放线方法进行放线。所谓"五步放线"，就是国内装修公司普遍采用的 5 个步骤进行放线。

实施五步放线前要进行主控线和轴线的定位。根据土建的轴线平移，考虑到能贯穿整个平面的一条线，定为我们施工中地面的轴线，再根据地面轴线用红外线反引到墙、顶上，成为贯穿顶、地、墙为一体的轴线，再在主轴线上找出合适的位置，定出坐标线，将这两条坐标线定为我们的主控线，如图1-9所示。

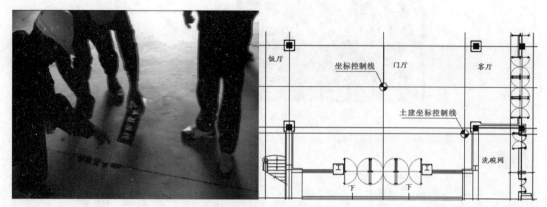

图1-9　定位主控线

注意

　　以土建平移出来的主控线定位螳螂主控线，以金螳螂的主控线复核总包轴线（检查总包轴线是否与理论轴线有误差），如有误差，以土建主控线平移到主控线为主，按理论尺寸重新弹轴线，测出土建误差数据标在平面图纸上，然后以理论轴距尺寸减1米，弹墙面控制线，轴线从地面用红外线垂直水准仪移到墙面。

2．五步放线具体操作

（1）步骤一：标高线的定位

根据土建方在建筑外墙上提供的红三角标记，沿外墙引入室内，定为室内一层楼面的原始±0.000标高，再根据装修图纸上地面材料的要求，定出地面完成面的±0.000，根据此±0.000向上量出1米，用红外线水平测出该层每面墙的1米标高线，如图1-10和图1-11所示。

图1-10　1米线喷涂

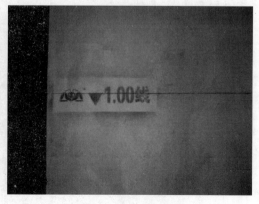

图1-11　1米线标识

再按照图纸标注的吊顶标高尺寸，在每面墙上弹出吊顶完成面线。标示出机电安装控制标高线，最后根据该建筑的层高依次放出每层的标高线，如图1-12所示。

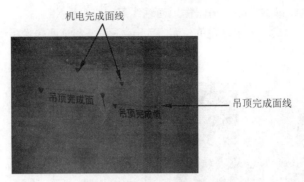

图 1-12　顶面与机电完成面线

注意

　　找出图纸中标高与现场高度不符合的地方，记在吊顶平面图上，测试各种隐蔽的设备管道是否能在顶部安装。

(2) 步骤二：粉刷完成面线

　　粉刷完成面线，测土建墙面平整度、方整度是否满足粉刷要求。剔除墙面高面积不大于 0.5m^2 的部分，大于调整粉刷完成面的供设计师调整平面图用，如图 1-13 所示。

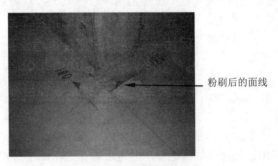

图 1-13　粉刷完成面线

(3) 步骤三：放造型线

　　根据草测线的结果，把吊顶造型的大样图放到对应的地面上，俗称"放造型线"，如图 1-14 所示。

图 1-14　放造型线

标出送回风口尺寸、灯具尺寸，以及烟感、喷淋等的定位，找出图纸尺寸与现场尺寸不符合的地方，记在顶平面图上，供设计师深化并调整局部平面图，如图1-15所示。

　　走道中线线
　　木饰面完成面
　　回风口
　　清镜完成面
　　门洞标识

图1-15　标识并定位

(4) 步骤四：平行放线

以走道中间控制线为基准线，调整与走道有关的门套内、外侧的墙面完成面线，此种放线方法称为"平行放线法"。在施工中也称为"走道施工法"或"门套成品化放线施工法"，如图1-16所示。

喷设基准点

测量进户门中线　　　三角形横边与基准线吻合

图1-16　平行放线

(5) 步骤五：重新放线

被粉刷校正的墙面、地面找平、顶面造型，以及木基层覆盖掉的线，可重新放线，也就是"二次放线"，如图1-17所示。

在基层材料覆盖原始放线时，对木石完成面需要重新放线。

图1-17　重新放线

1.2 室内装修风格

从最开始的简单装修到后来的精致装修，装修风格也是多样化的，不出国门也能感受到异域风情是各种装修风格带给我们的别样感受。每种室内装修风格都有各自的特点，那么，你喜欢什么样的装修风格呢？

每个人都有自己独特的喜好。房子装修，整体的设计风格是前提，也是设计师如何把握的立足点。所以，在房子装修前，一家人应该坐在一起探讨、确定房子的设计风格。首先我们要了解的就是室内装修的设计风格有哪些？

最常见的室内装修风格大致有 13 种。

1. 欧式装修风格

欧式装修风格是指，凡是欧洲特有的风格，一般用在建筑及室内装修行业，具有欧洲传统艺术文化特色的风格。其装修效果图如图 1-18 所示。

图 1-18　欧式装修风格

欧式风格的特点，是以古典柱式为中心的风格。欧式的居室有的不只是豪华大气，更多的是惬意的浪漫。通过完美的曲线、精益求精的细节处理，带给家人不尽的舒服触感，实际上和谐才是欧式装饰风格的最高境界。同时，欧式装饰风格最适用于大面积的房间，若空间太小，不但无法展现其风格气势，反而对在其间居住的人造成一种压迫感。

适合人群：别墅大户的企事业成功领导者、海归人员等。

2. 地中海装修风格

地中海风格集北欧与田园风格的大气与温馨于一体，阳光而不失随意与柔和、质朴而温暖。在所有装修风格中，代表着自然、清爽，或是未来与希望。其是以海边或海洋为主要特色中，最具有说明性的装修风格。其装修效果图如图 1-19 所示。

图 1-19 地中海装修风格

地中海装修风格的特点：

(1) 明度低、线条简单。拱门与半拱门、马蹄状的门窗、白墙、色彩明度低、线条简单且修边圆润的木质家具。圆形拱门及回廊通常采用数个连接或以垂直交接的方式，在走动观赏中，出现延伸般的透视感。家中的墙面处（只要不是承重墙），均可以运用半穿凿或者全穿凿的方式来塑造室内的景中窗。

(2) 擦漆做旧处理。这种处理方式除了让家具流露出古典家具才有的隽永质感，更能展现家具在地中海的碧海晴天之下被海风吹蚀的自然印迹。

(3) 在颜色上不造作，本色呈现，多采用开放式自由空间。

适合人群：经常四处旅游、追求浪漫的白领等。

3．美式装修风格

美式风格起源于 17 世纪，是美国生活方式演变到今日的一种形式。它剔除了羁绊，又具有新的怀旧气息，贵气、大气，且随意的风格。其装修效果图如图 1-20 所示。

图 1-20 美式装修风格

美式装修风格特点：

(1) 布局。客厅简洁、明快，宽敞且富有历史气息；卧室温馨，主要考虑其功能性和实用、舒适性。以成套布艺来装点，软装和用色上做到统一；厨房开敞、书房实用、房间较多、室内绿化较为丰富，装饰画繁多。

(2) 家具。崇尚古典、优雅和舒适，选材精细，一般以桃花木、樱桃木、枫木及松木制作，家具表面精心涂饰和雕刻，表现出独特的美式风格家居特色。

4．田园装修风格

田园风格是指，采用具有"田园"风格的建材进行装修的一种方式。简单地说，就是以田地和园圃特有的自然特征为形式手段，带有一定程度农村生活或乡间艺术特色，表现出自然、闲适内容的作品或流派。

田园装修风格特点：

根据不同地域，田园装修风格体现的特点有所不同，主要有美式田园、欧式田园、中式田园、法式田园和南亚田园几种。

- ◆ 美式田园风格（乡村）：室内透着阳光、青草、露珠的自然味道，信手拈来，毫不造作。运用不经雕琢的纯天然木、石、藤、竹、红砖等材质。家具以实用为主，常用松木、橡木等进行装饰，突出其陈旧感。而墙纸多以树叶、高尔夫球、赛马等的图案为主。粗犷的布艺沙发、咖啡色条格纹的窗帘、纹理清晰的深色木地板也是其装饰要点。美式田园风格装修效果图如图 1-21 所示。

- ◆ 中式田园：其基调是丰收的金黄色，尽可能选用木、石、藤、竹、织物等天然材料装饰。软装饰上常用藤制品，有绿色盆栽、瓷器、陶器等摆设。中式田园风格装修效果图如图 1-22 所示。

图 1-21　美式田园风格　　　　　　　　图 1-22　中式田园风格

- ◆ 法式田园：家具的洗白处理及配色上的大胆鲜艳。洗白处理使家具流露出古典的隽永质感，黄色、红色、蓝色的色彩搭配，则反映丰沃、富足的大地景象。而椅脚被简化的卷曲弧线及精美的纹饰也是优雅生活的体现。法式田园风格装修效果图如图 1-23 所示。

- ◆ 欧式田园：设计上讲求心灵的自然回归感，给人一种扑面而来的浓郁气息。把一些精细的后期配饰融入设计风格之中，充分体现设计师和业主所追求的一种安逸、舒适的生活氛围。欧式田园风格装修效果图如图 1-24 所示。

图 1-23　法式田园风格　　　　　　　　图 1-24　欧式田园风格

◆ 南亚田园：家具风格显得粗犷，但平和而容易接近。材质多为柚木，光亮感强，也有椰壳、藤等材质的家具。做旧工艺多，并喜做雕花。色调以咖啡色为主。南亚田园风格装修效果图如图 1-25 所示。

图 1-25　南亚田园风格

5．中式装修风格

以宫殿建筑的室内设计风格为代表，在总体上体现出一种气势恢宏、壮丽华贵、细腻大方的大家风范。中式风格造型讲究对称，色彩讲究对比，装饰材料以木材为主，图案多龙、凤、龟、狮等，精雕细琢、瑰丽奇巧。中式风格最能体现中华民族的家居风范与传统文化的审美意蕴。中式装修风格效果图如图 1-26 所示。

图 1-26　中式装修风格

中式装修风格特点：

◆ 中式装饰材料以木质为主，讲究雕刻彩绘、造型典雅，多采用酸枝木或大叶檀等高档硬木，经过工艺大师的精雕细刻，每件作品都有一段精彩的故事，而每件作品都能令人对过去产生怀念，对未来产生一种美好的向往。

◆ 色彩以深色、沉稳为主，因中式家具色彩一般比较深，这样整个居室色彩才能协调，再配以红色或黄色的靠垫、坐垫即可烘托居室的氛围，这样也可以更好地表现古典家具的内涵。

◆ 空间上讲究层次，多用隔窗、屏风来分割，用实木做出结实的框架，以固定支架，中间用棂子雕花，做成古朴的图案。

◆ 门窗对中式风格很重要，因中式门窗一般均采用榥子做成方格或其他中式的传统图案，用实木雕刻成各式题材造型，打磨光滑，富有立体感。

◆ 天花以木条相交成方格形，上覆木板，也可以做简单的环形灯池吊顶，用实木做框，层次清晰，并漆成花梨木色。

◆ 家具陈设讲究对称，重视文化意蕴；配饰擅用字画、古玩、卷轴、盆景、精致的工艺品加以点缀，更显主人的品位与尊贵，木雕画以壁挂为主，更具有文化韵味和独特风格，体现中国传统家居文化的独特魅力。

6．东南亚装修风格

东南亚风格的家居设计以其来自热带雨林的自然之美和浓郁的民族特色风靡世界，尤其在气候之接近的珠三角地区更是受到热烈追捧。东南亚式的设计风格之所以如此流行，正是因为它独有的魅力和热带风情而盖过正大行其道的简约风格。东南亚装修风格效果图如图 1-27 所示。

图 1-27　东南亚装修风格

东南亚装修风格特点：

◆ 材料，东南亚装修风格的家居物品多用实木、竹、藤、麻等材料打造，这些材质会使居室显得自然、古朴，仿佛沐浴着阳光雨露般舒畅。

◆ 布艺，布艺装饰是东南亚风格装修的最佳搭档，用布艺装饰适当点缀能避免家具单调的气息令气氛活跃。在布艺色调的选用上，东南亚风情标志性的炫色系列多为深色系，在光线中会变色，沉稳中透着些许贵气。当然，搭配也有些很简单的原则，深色的家具适宜搭配色彩鲜艳的装饰。

◆ 颜色，在东南亚风格装修中最抢眼的装饰要属绚丽的色彩了，由于东南亚地处热带，气候闷热、潮湿，为了避免空间的沉闷、压抑，因此在装饰上用夸张、艳丽的色彩冲破视觉的沉闷。斑斓的色彩其实就是大自然的色彩，色彩回归自然也是东南亚家居的特色。

7．简约装修风格

简约装修风格是目前非常流行且受欢迎的一种装修风格，设计的元素、色彩、照明、原材料简化到最少的程度，空间表达含蓄，达到以简胜繁的效果，从而满足人们对空间环境那种感性、本能、理性的需求。简约装修风格效果图如图 1-28 所示。

图 1-28 简约装修风格

简约装修风格特点：

◆ 室内空间开敞、内外通透，在空间平面设计中追求不受承重墙限制的自由。室内墙面、地面、顶棚，以及家具陈设，乃至灯具、器皿等均以简洁的造型、纯洁的质地、精细的工艺为其特征。

◆ 装饰少，强调形式服务于功能，内部件使用标准部件，门窗尺寸根据模数制系统设计。

◆ 室内常选用简洁的工业产品，家具和日用品多采用直线，玻璃、金属也多被使用。

8．现代装修风格

现代装饰艺术将现代抽象艺术的创作思想及其成果引入室内装饰设计中。现代风格极力反对从古罗马到洛可可等一系列古旧的传统样式，力求创造适应工业时代精神、独具新意的简化装饰风格，其设计简朴、通俗、清新，更接近现代人们的生活。现代装修风格效果图如图 1-29 所示。

图 1-29 现代装修风格

现代装修风格特点：

◆ 由曲线和非对称线条构成，如花梗、花蕾、葡萄藤、昆虫翅膀，以及自然界的各种优美、波状的形体图案等，其体现在墙面、栏杆、窗棂和家具等装饰上。

◆ 线条有的柔美、雅致，有的遒劲而富于节奏感，整个立体形式都与有条不紊的、有节奏的曲线融为一体。

◆ 大量使用铁制构件，将玻璃、瓷砖等新工艺，以及铁艺制品、陶艺制品等综合运用于室内。

◆ 注重室内外沟通，竭力给室内装饰艺术引入新意。

9．新古典装修风格

新古典装饰风格的主要特点是"形散神聚"，用现代的手法和材质还原古典气质，具备了古典与现代的双重审美观点，其完美的结合也让人们在享受物质文明的同时，得到了精神上的慰藉。新古典装修风格效果图如图 1-30 所示。

图 1-30　新古典装修风格

新古典装修风格特点：

◆ 新古典主义的设计风格是经过改良的古典主义风格。欧洲文化丰富的艺术底蕴，开放、创新的设计思想。

◆ 家居特征：所有的家具样式精炼、简朴、雅致。其做工讲究，装饰文雅。曲线少，平直表面多，更显轻盈、优美。

◆ 配饰特征：以雕刻、镀金、嵌木、镶嵌陶瓷及金属等装饰方式为主，装饰题材有玫瑰、水果、叶形、火炬等。

10．日式装修风格

日本和风建筑，又称"和样建筑"或"日本式建筑"。13 ～ 14 世纪，日本佛教建筑继承 7 至 10 世纪的佛教寺庙、传统神社和中国唐代建筑的特点，采用歇山顶、深挑檐、架空地板、室外平台、横向木板壁外墙、桧树屋顶等，外观轻快、洒脱。日式装修风格效果图如图 1-31 所示。

图 1-31　日式装修风格

日式装修风格特点：

◆ 以淡雅、简洁为主要特点，有浓郁的日本民族特色，一般采用清晰的线条，居室布置优雅、清新，有较强的几何感，木格拉门、半透明樟子纸和榻榻米木板地台为其风格特征。

◆ 传统的日式家居将自然界的材料大量运用于居室的装修、装饰中，不推崇豪华奢侈、金碧辉煌，以淡雅节制、深邃禅意为境界，重视实际功能。

11．北欧装修风格

北欧装修风格是指欧洲北部国家挪威、丹麦、瑞典、芬兰及冰岛等国的艺术设计风格（主要指室内设计及工业产品设计）。北欧装修风格效果图如图 1-32 所示。

图 1-32　北欧装修风格

北欧装修风格特点：

◆ 顶、墙、地的结合：在建筑室内设计方面，就是室内的顶、墙、地三个面，完全不用纹样和图案装饰，只用线条、色块来区分、点缀。

◆ 家居设计形式多样化：虽然不使用雕花、纹饰家居产品，但是同样形式多样化，简洁、直接、功能化贴近自然。

12．简欧装修风格

简欧装修风格泛指欧洲特有的风格，沿袭古典欧式风格的主元素，融入了现代的生活元素。多以象牙白为主色调，以浅色为主，深色为辅。相比拥有浓厚欧洲风味的欧式装修风格，简欧装饰风格更为清新，也更符合中国人内敛的审美观念。简欧装修风格效果图如图 1-33 所示。

图 1-33　简欧装修风格

简欧装修风格特点：

◆ 简欧风格多以象牙白为主色调，以浅色为主，深色为辅。简单到繁杂、从整体到局部，精雕细琢，镶花刻金都给人一种一丝不苟的感觉。

◆ 保留了材质、色彩的大致感受，浅色和木色家具有助于突出清贵和舒雅的感觉，格调相同的壁纸、帘幔、地毯、家具、外罩等装饰织物布置的家居，蕴涵着欧洲传统的历史印记与深厚的文化底蕴。

◆ 摒弃了古典风格过于复杂的肌理和装饰，吸收现代风格的优点，简化了线条，凸显简洁美，着力塑造尊贵又不失高雅的居家情调。

13. 混搭装修风格

混搭装饰风格糅合东西方美学精华元素，将古今文化内涵完美地结合于一体，充分利用空间形式与材料，创造出个性化的家居环境。混搭并不是简单地把各种风格的元素放在一起做加法，而是把它们有主有次地组合在一起。简欧装修风格效果图如图1-34所示。

图1-34　混搭装修风格

混搭装修风格特点：

◆ 随意性。对于装修设计而言，混搭风格结合与凝聚了其他风格的装修元素和特点，最终形成的混搭风格，打破了现代与古典、奢靡与庄重、烦琐与简洁之间的界限，这种混搭已经跨越了不同年代、不同文化背景、不同阶层的装修风格，进而以一种独特而自由的身姿展乐在人们面前。

◆ 自主性。在混搭风格的设计上，其设计者可以不受任何拘束地跟随自己的意识进行设计，对于其他风格的特点和元素，设计者可以根据自己的意愿进行采纳和搭配，最终设计出自己心中所想的装修效果。以某种程度上来说，它是设计师主观意识的一种体现。

◆ 极富个性。混搭风格的最大魅力在于其打破了其他风格装修的单一性和固定性，从而显得千变万化。混搭风格在装饰的形态、色彩、质感上都没有任何约束。混搭风格在装修材质的搭配上，极其自由，金属、玻璃、瓷、木等材质都可以融合到同一个空间。正因为混搭风格包含、容纳了如此多的装修色彩和材质，才足以让空间显得熠熠生辉。

◆ 具有层次感。混搭风格的"随意"并非"随便"，它在其装修设计上，非常讲究视觉的层次感。不管是家具的摆设，还是饰物的搭配，混搭风格都着重强调其呈现出的层次感。因而即便是融合了这么多装修风格的设计元素，而混搭风格却依旧显得美观而不杂乱。

1.3 室内装修工程设计中的方位格局

　　随着社会的发展、人们生活品质的提高，对于家居装修越来越重视，其中室内方位格局与家居装修设计有着不可分割的关系，它也关系着全家人的健康与舒适，所以家居装修必定要先了解一些室内方位与格局设计的相关知识。

　　如今室内装修设计师也投入到方位与格局的设计研究中，期盼能帮助业主解决空间上的问题，但有些空间的条件并不能全然套用，还必须考量实际空间格局是否合适，例如"穿堂过"（如图1-35所示），如果硬要设计一个玄关或者屏风，餐厅及过道将变得更狭小。

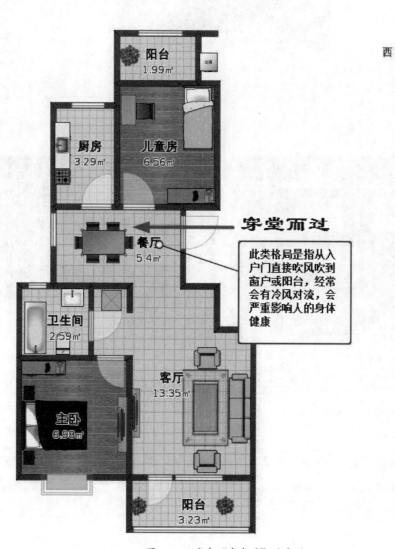

图1-35　存在"穿堂过"的户型

　　下面介绍在建筑与室内装修过程中常见的格局问题与解决方法。

1. 问题格局一：梁压住沙发或床

问题原因：

从专业的角度来说，如果家中有横梁，人在下面会感觉不安全，最好在装修的时候进行处理。房主在装修的过程中，将横梁进行装饰处理，诸如安装假天花板，使外观上基本看不到横梁压顶，就可能把影响减到最小，如图 1-36 所示。

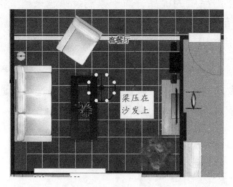

图 1-36 问题格局：梁压住了沙发

解决方式：

长沙发和床避免放在梁下方或以装潢手法把梁包起来，使其不显露于外即可，如图 1-37 所示。

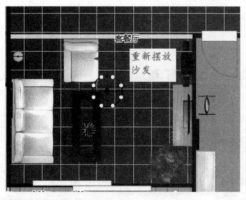 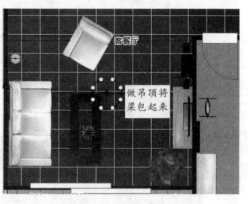

方式一：重新摆放沙发躲开梁　　　　　　　方式二：做吊顶覆盖梁

图 1-37 解决方式

注意

有些户主喜欢在家里摆放佛桌，佛桌也不能摆放在梁的下面。

---

2. 问题格局二：门对门

问题原因：

大门对大门、大门对卧室门、卧室门对卧室门是很不好的。好的户型内部，要尽量避免门门相对，特别是卫生间、厨房都不要和其他功能的房间门、大门在一条直线上。这也是为了保持空气的流通和清洁，如图 1-38 所示。

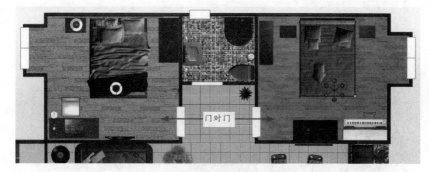

图 1-38　问题格局：门对门

解决方式：

◆　在空间许可的情况下，变更其中一个门的位置，如图 1-39 所示。

◆　将其中一个门设计为暗门。

◆　若无法更改，可在门上挂上门帘。

图 1-39　解决方式：变更一个门的位置

3．问题格局三：床头靠近楼梯间

问题原因：

卧室是人睡觉的地方，床的摆放也是有讲究的，若床头靠近楼梯间会影响睡眠，如图 1-40 所示。

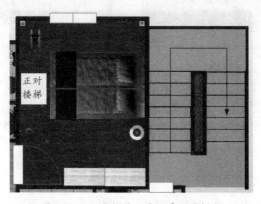

图 1-40　问题格局：床头靠近楼梯间

解决方式：

◆ 若空间无法变更，可于床头墙面加封隔音墙。

◆ 床头避开楼梯间的位置，如图 1-41 所示。

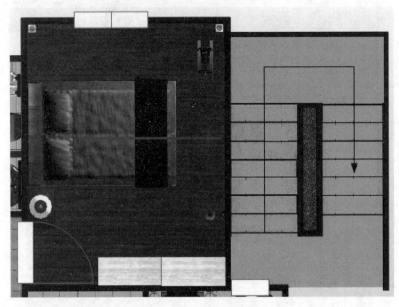

图 1-41　解决方式：避开楼梯间

4．问题格局四：化妆镜、试衣镜照床头

问题原因：

镜子在卧室的位置很重要，摆放错误就会带来烦恼，镜子会反光，直接影响到人的睡眠，如图 1-42 所示。

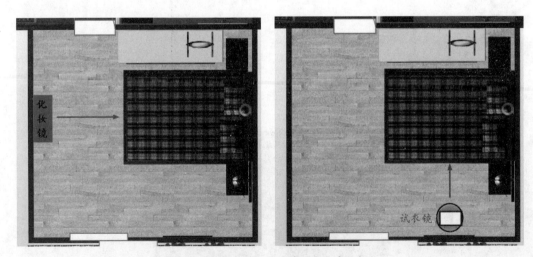

图 1-42　问题格局：化妆镜、试衣镜照床头

解决方式：

睡觉前镜子可以找一块布遮住，如果摆放正确能够给住的人带来欢乐和健康，如图 1-43 所示。

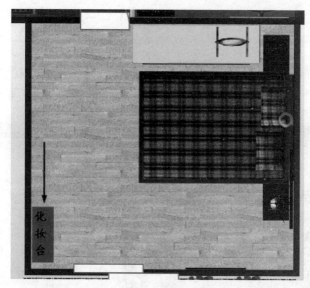

图 1-43　解决方式：挪动化妆台避免对床头

5．问题格局五：卧室的卫生间门正对床

问题原因：

卧室卫生间的门正对床会影响家人的健康，空气质量不佳，沐浴后更产生较多湿气。若洗手间的门正对床，不仅容易使床潮湿，还容易影响卧室的空气质量，时间长了就会导致腰疼，更会增加肾脏的排毒负担，所以很多户主要求对其进行改造，如图 1-44 所示。

解决方式：

◆ 在厕所放上几盆泥栽观叶植物。

◆ 在卧室和洗手间门之间加屏风作为遮挡。

◆ 改门的朝向、床的朝向，如图 1-45 所示。

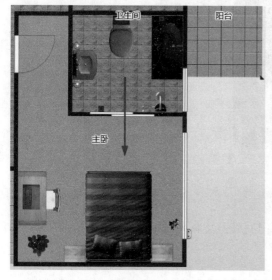

图 1-44　问题格局：卧室卫生间门正对床

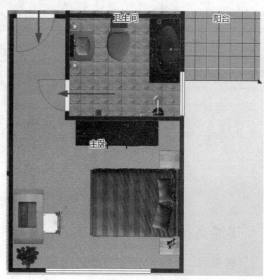

图 1-45　解决方式：改门和床的朝向

6. 问题格局六：卧室多窗户及床头靠窗

问题原因：

在现代的房子构造中，不难发现很多户型的床头都是靠近窗户摆放，或者直接摆放在窗户之下，如图1-46所示。在床上的人因看不见头上的窗口，容易缺乏安全感，造成精神紧张，影响健康。

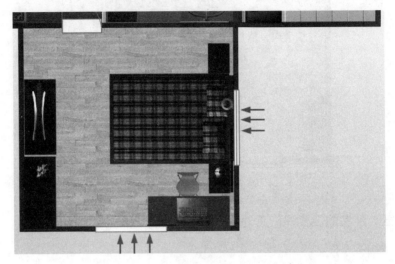

图1-46 问题格局：卧室多窗户及床头靠窗

解决方式：

◆ 封闭多余窗户，卧室仅仅保留一扇窗户即可，如图1-47所示。

◆ 改变床的方位。

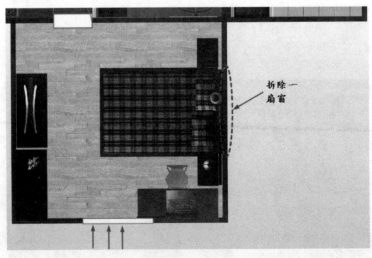

图1-47 解决方式：拆除多余窗户

7. 问题格局七：床对到墙角，开门范围及房门对着卫生间门

问题原因：

床对墙角，开门范围及房门对着卫生间门（如图1-48所示），对居住者的健康影响非常大，

因为湿气会比较重,长此以往会得关节炎,而且空气得不到流通,影响卧室及其他房间的空气质量。

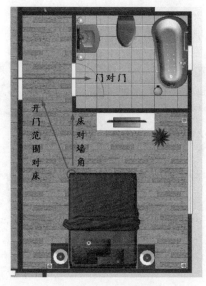

图1-48 问题格局

解决方式:

◆ 若无法更改卫生间门,可在卫生间的门上挂上门帘。

◆ 在空间可变更的情况下更改卫生间的门、床的位置,如图1-49所示。

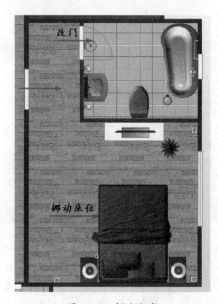

图1-49 解决方式

8.问题格局八:书桌背对窗户

问题原因:

书桌不能背对窗户。但有一点请注意,书房的窗也不宜对正书桌。就环境而言,书桌正对窗户,人便容易被窗外的景物吸引分神,难以专心工作。这对尚未定性的青少年来说,影响特别严重,如图 1-50 所示。

解决方式：

座位背后要靠墙，没有了环境噪声，也不会影响工作或学习，如图 1-51 所示。

图 1-50　问题格局：书桌背对窗户　　　　　图 1-51　解决方式：后背靠墙

9．问题格局九：炉台正前方开窗

问题原因：

炉台正前方是窗户，有风的情况下会影响炉火的正常燃烧，会产生油烟往屋内跑的现象，必须纠正，如图 1-52 所示。

解决方式：

◆　把炉台正前方的窗户封闭起来，如图 1-53 所示。

◆　也可以用不锈钢板封闭，还能增加炉台清理的便利性。

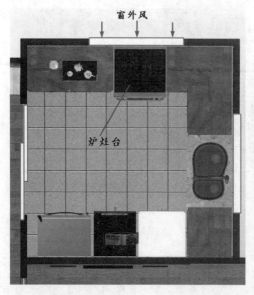
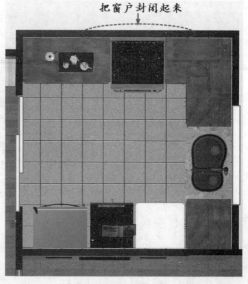

图 1-52　问题格局：炉台正前方开窗　　　　图 1-53　解决方式：把窗户封闭起来

10．问题格局十：洗衣机不可放在厨房

问题原因：

不要在厨房内洗涤衣服，洗衣机也不可放厨房。厨房是做饭的地方，水气很重，洗衣机必须放置在干燥的地方，否则会弄坏洗衣机，如图1-54所示。

解决方式：

将洗衣机放置在易于排水、易于晾晒、通风而不暴晒的场所，如洗衣房、洗手间、走廊等，如图1-55所示。

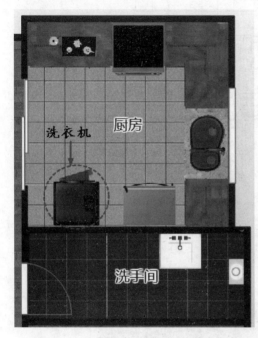

图1-54 问题格局：洗衣机不可放在厨房

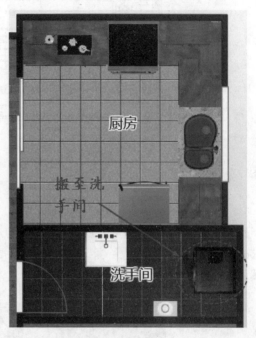

图1-55 解决方式：搬至洗手间

1.4 室内装修工程所需基本图纸

室内装修工程图纸是室内设计方案确定后，为了表达设计意图而绘制的相应施工图纸。室内装修工程图纸一般由两部分组成：

◆ 装饰施工图：是供木工、油漆工、电工等相关施工人员进行施工参考的装饰施工图。

◆ 效果图：效果图反映的是装修的用材、家具布置和灯光设计的综合效果。

其中施工图是装饰施工、预算报价的基本依据，是效果图绘制的基础，效果图必须根据施工图进行绘制。室内装饰施工图要求准确、详实，一般使用AutoCAD进行绘制，如图1-56所示为某商业户型的室内装饰施工图。

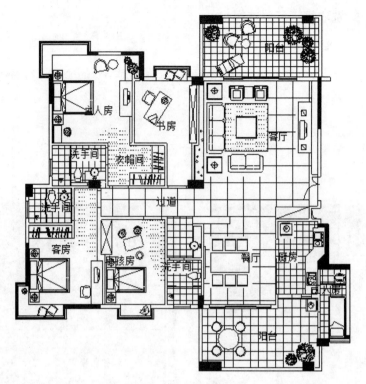

图 1-56　室内装饰施工图

通常，室内效果图使用 3ds Max 绘制，但有时也使用其他效果图制作软件来绘制，如 Autodesks 公司的"美家达人"。"美家达人"根据施工图的设计进行建模、编辑材质、设置灯光、渲染，最终得到彩色图像，如图 1-57 所示。

图 1-57　室内装饰效果图

室内施工图通常由多张图纸组成，包括室内平面布置图、室内顶棚图、室内立面图、室内设计详图等。

1.4.1　室内平面布置图

室内平面布置图是室内装饰施工图纸中的关键图纸。它是在原建筑结构的基础上，根据业主的要求和设计师的设计意图，对室内空间进行详细的功能划分和室内设施定位。平面布置图包括室内平面设计图和地面材质平面图。

如图 1-58 所示为某室内平面布置图的平面设计图。

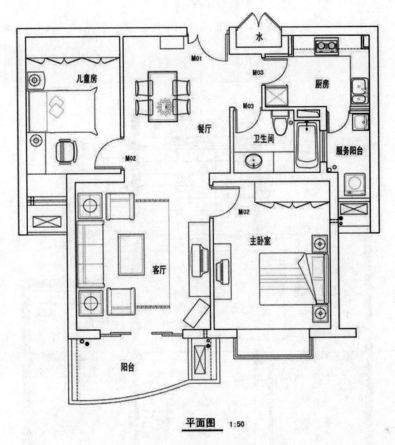

平面图　1:50

图 1-58　室内平面设计图

一般地，凡是剖到的墙、柱的断面轮廓线用粗实线表示；家具、陈设、固定设备的轮廓线用中实线表示；其余投影线以细实线表示。

如图 1-59 所示为钢筋混凝土墙、柱的涂黑画法。

如图 1-60 所示为地面的表示方法。

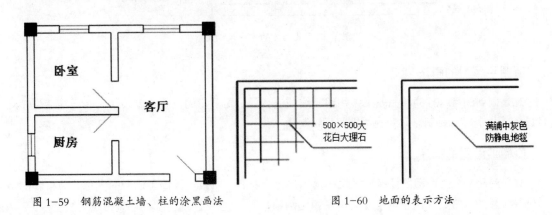

图 1-59　钢筋混凝土墙、柱的涂黑画法　　　　图 1-60　地面的表示方法

1.4.2 室内顶棚图

顶棚平面图主要表示墙、柱、门、窗洞口的位置；顶棚的造型，包括浮雕、线角等；顶棚上的灯具、通风口、扬声器、烟感、喷淋等设备的位置。

与平面布置图相同，顶棚图也是室内装饰设计图中不可缺少的图样，如图 1-61 所示为某居室的室内顶棚图。

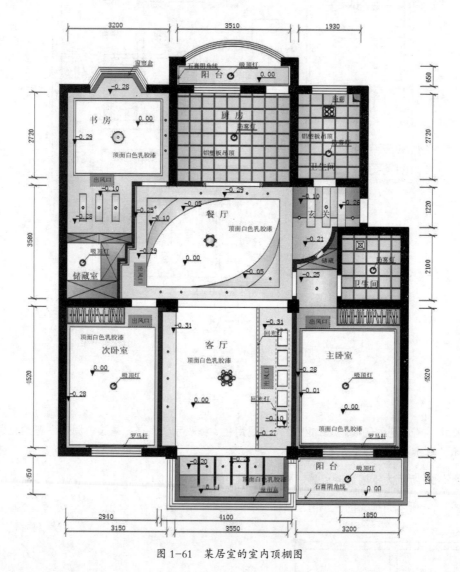

图 1-61 某居室的室内顶棚图

1．顶棚平面图的画法

凡是剖到的墙、柱的断面轮廓线用粗实线绘制；门、窗洞口的位置用虚线绘制；天花造型、灯具设备等用中实线绘制；其余的用细实线绘制。

2．顶棚平面图的标注

天花底面和分层吊顶的标高；分层吊顶的尺寸、材料；灯具、风口等设备的名称、规格和能够明确其位置的尺寸；详图索引符号；图名和比例等。

1.4.3 室内立面图

将室内空间立面向与之平行的投影面上投影，所得到的正投影图成为室内立面图，主要表达室内空间的内部形状、空间的高度、门窗的形状及高度、墙面的装修做法及所用材料等，如图1-62所示为室内立面图。

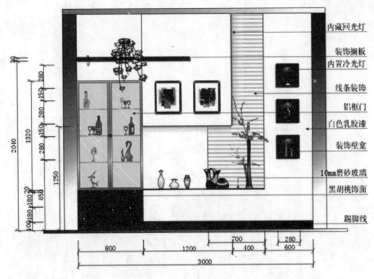

图1-62 室内立面图

1．立面图的主要内容

墙面、柱面的装修做法，包括材料、造型、尺寸等；表示门、窗及窗帘的形式和尺寸；表示隔断、屏风等的外观和尺寸；表现墙面、柱面上的灯具、挂件、壁画等装饰；表示山石、水体、绿化的做法、形式等，如图1-63所示为某居室的卫生间立面图。

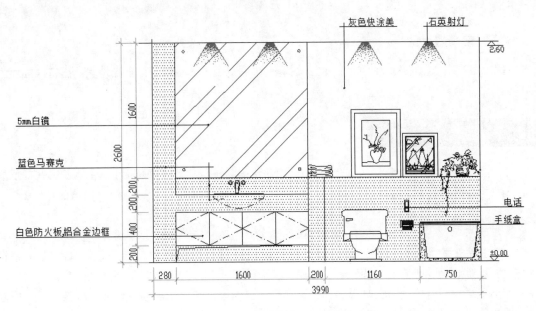

图1-63 卫生间立面图

2．立面图的画法

立面图的最外轮廓线用粗实线绘制；地坪线可用加粗线（粗于标注线粗度的 1.4 倍）绘制；装修构造的轮廓线和陈设的外轮廓线用中实线绘制；对材料和质地的表现宜用细实线绘制。

3．立面图的标注

纵向尺寸、横向尺寸和标高；材料的名称；详图索引符号；图名和比例等，如图 1-64 所示为某客厅立面图。

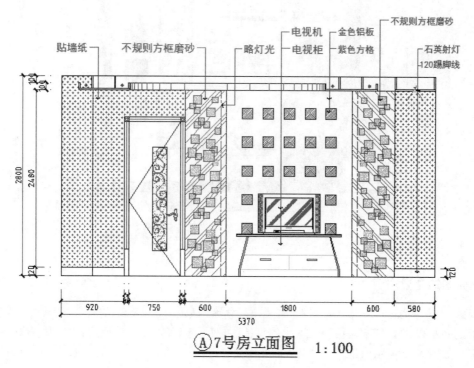

图 1-64 立面图的标注

4．立面图常用的比例

室内立面图常用的比例为 1:50、1:30，在这个比例范围内，基本可以清晰地表达出室内立面上的形体。

1.4.4 室内设计详图

详图是室内设计中重点部分的放大图和结构做法图。一个工程需要画多少详图、画哪些部位的详图要根据设计情况、工程大小，以及复杂程度而定。

1．详图的主要内容

一般工程需要绘制墙面详图；柱面详图；楼梯详图，以及特殊的门、窗、隔断、暖气罩和顶棚等建筑构配件详图；服务台、酒吧台、壁柜、洗面池等固定设施设备详图；水池、喷泉、假山、花池等造景详图；专门为该工程设计的家具、灯具详图等。绘制内容通常包括纵横剖面图、局部放大图和装饰大样图，如图 1-65 所示。

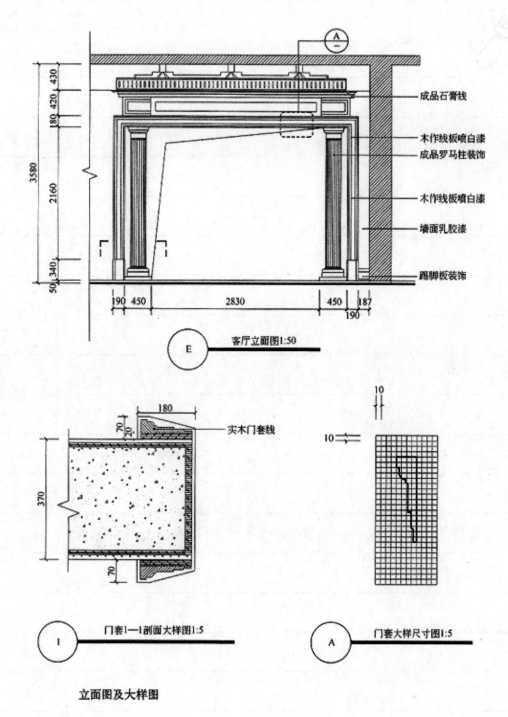

图 1-65 室内设计详图

2. 详图的画法

凡是剖到的建筑结构和材料的断面轮廓线以粗实线绘制,其余以细实线绘制。

3. 详图的标注

详细标注加工尺寸、材料名称,以及工程做法。

2

装修设计图制作前的设置

在制作室内设计图纸前，我们要明白制图的规范是什么，以及如何根据制图规范在AutoCAD中设置相关的参数与选项。本章将会给大家一个满意的答案。

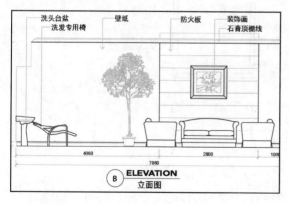

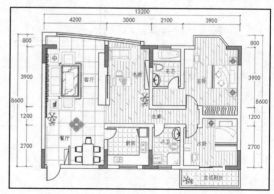

※ 了解室内设计制图规范
※ 制作国标（GB）室内设计制图样板
※ 绘制图纸时的其他注意事项

2.1 了解室内设计制图规范

本章所涉及的制图规范将严格按照国家标准（GB）有关规定执行。

在室内设计的过程中，施工图的绘制是表达设计者设计意图的重要手段之一，是设计者与各相关专业之间交流的标准化语言，是控制施工现场能否充分正确理解、消化并实施设计理念的一个重要环节，是衡量一个设计团队的设计管理水平是否专业的重要标准之一。专业化、标准化的施工图操作流程规范不但可以帮助设计者深化设计内容、完善构思想法，同时面对大型公共设计项目及大量的设计订单，行之有效的施工图规范与管理也可以帮助设计团队在保持设计品质及提高工作效率方面起到积极、有效的作用。

如图 2-1 所示为常见室内设计平面图。

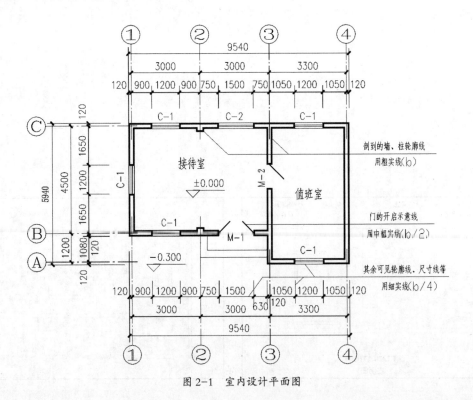

图 2-1　室内设计平面图

1. 图纸幅面规格

图纸幅面是指图纸本身的规格尺寸，也就是我们常说的"图签"，为了合理使用并便于图纸管理、装订，室内设计制图的图纸幅面规格尺寸延用建筑制图的国家标准——如表 2-1 所示的规定。

表 2-1　图纸幅面及图框尺寸（mm）

尺寸代号	幅面代号				
	A0	A1	A2	A3	A4
b×L	841×1189	594×841	420×594	297×420	210×297
c	10			5	
a	25				

2．标题栏与会签栏

标题栏的主要内容包括设计单位名称、工程名称、图纸名称、图纸编号，以及项目负责人、设计人，绘图人、审核人等项目内容。如有备注说明或图例简表也可视其内容设置其中。标题栏的长、宽与具体内容可根据具体工程项目进行调整。

室内设计中的设计图纸一般需要审定，水、电、消防等相关专业负责人要会签，此时可在图纸装订一侧设置会签栏，不需要会签的图纸可不设会签栏。

下面以 A2 图幅为例，常见的标题栏布局形式，如图 2-2 所示。

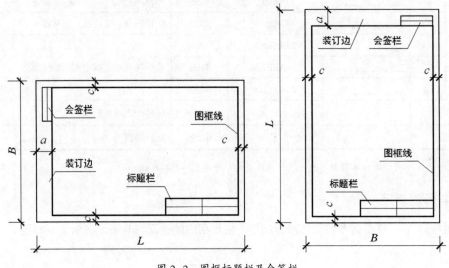

图 2-2　图框标题栏及会签栏

3．室内设计常用的比例

室内设计图中的图形与其实物相应要素的线性尺寸之比称为"比例"。比值为 1 的比例，即 1:1 称为"原值比例"；比例大于 1 的比例称为"放大比例"；比例小于 1 的比例则称为"缩小比例"。绘制图样时，采用表 2-2 中国家规定的比例。

表 2-2　国标规定的比例

图名	常用比例
平面图、天花平面图	1:50、1:100
立面图、剖面图	1:20、1:50、1:100
详图	1:1、1:2、1:5、1:10、1:20、1:50

4．图线及用法

图线分为粗线、中粗线、细线三类。绘图时，根据图形的大小和复杂程度，图线宽度d可在0.13、0.18、0.25、0.35、0.5、0.7、1、1.4、2（mm）数系（该数系的公比为 1: $\sqrt{2}$ ）中选取。粗线、中粗线、细线的宽度比率为 4:2:1。由于图样复制中所存在的困难，应尽量避免采用 0.18 以下的图线宽度。

室内设计图中常用图线的名称、型式及用途如表 2-3 所示。

表 2-3　图线及用途

名称		线型	计算机线型名称	笔宽	用途
实线	粗		Continuous	b	主要可见轮廓线、装修完成面剖面线
	中		Continuous	0.5b	空间内主要转折面及物体线角等外轮廓线
	细		Continuous	0.25b	地面分割线、填充线、索引线等
虚线	粗		Dash	b	详图索引、外轮廓线
	中		Dash	0.5b	不可见轮廓线
	细		Dash	0.25b	灯槽、暗藏灯带等
单点划线	粗		Center	b	图样索引的外轮廓线
	中		Center	0.5b	图样填充线
	细		Center	0.25b	定位轴线、中心线、对称线
双点划线	粗		2SASEN8	b	假想轮廓线、成型前原始轮廓线
	中		2SASEN8	0.5b	
	细		2SASEN8	0.25b	
折断线			无	0.25b	图样的省略截断画法
波浪线			无	0.25b	断开界线

注意：上表中的 b 为所绘制的本张图纸上可见轮廓线设定的宽度，b=0.4~0.8mm。

5．剖面符号的规定

在绘制图样时，往往需要将形体进行剖切，应用相应的剖面符号表示其断面，如图 2-3 所示。

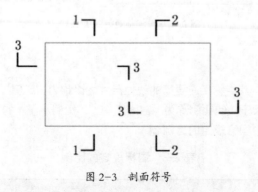

图 2-3　剖面符号

6．字体的规定

在室内设计图纸中，除图形外还需用汉字字体、英文字体、数字等来标注尺寸和说明使用材料、施工要求和用途等。

（1）汉字字体

图中汉字、字符和数字应做到排列整齐、清楚正确、尺寸大小协调一致。汉字、字符和数字并列书写时，汉字字高略高于字符和数字字高。

文字的字高应选用 3.5、5.0、7.0、10、14、20mm。如需书写更大的字，其高度应按比值递增。在不影响出图质量的情况下，字体的高度可选 2.5mm，但不能小于 2.5mm。

除单位名称、工程名称、地形图等特殊情况外，字体均应采用 AutoCAD 的 SHX 字体，汉字采用 SHX 长仿宋体。图纸中字型尽量不使用 Windows 的 TureType 字体，以加快图形的显示、缩小图形文件的大小。同一图形文件内字型数目不要超过 4 种。

（2）数字

尺寸数字分直体和斜体两种。斜体字向右倾斜，与垂直线夹角约 15°。

（3）英文字体

英文字体也分成直体和斜体两种，斜体也是与垂直线夹角约 15°。英文字母分大写和小写，大写显得庄重、稳健，小写显得秀丽、活泼，应根据场合和要求选用。

7．引出线、材料标注

在用文字注释图纸时，引出线应采用细直线，不能用曲线。引出线同时索引相同部分时，各引出线应相互保持平行。常见的几种引出线标注方式如图 2-4 所示。

索引详图的引出线，应对准圆心，如图 2-5 所示。

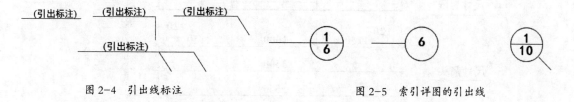

图 2-4　引出线标注　　　　　　　　　　　　图 2-5　索引详图的引出线

如图 2-6 所示为引线标注的范例。

图 2-6　引线标注范例

8．尺寸标注原则

在标注尺寸时应遵循以下原则：

◆ 所标注的尺寸是形体的实际尺寸。

◆ 所标尺寸均以 mm 为单位，但不写出。

◆ 每一个尺寸只标注一次。

◆ 应尽量将尺寸标注在图形之外，不要与视图轮廓线相交。

◆ 尺寸线要与被标注的轮廓线平行，尺寸线从小到大、从里向外标注，尺寸界线要与被标注的轮廓线垂直。

◆ 尺寸数字要写在尺寸线上边。

◆ 尺寸线尽可能不要交叉，尽可能符合加工顺序。

◆ 尺寸线不能标注在虚线上。

如图 2-7 所示为尺寸标注范例。

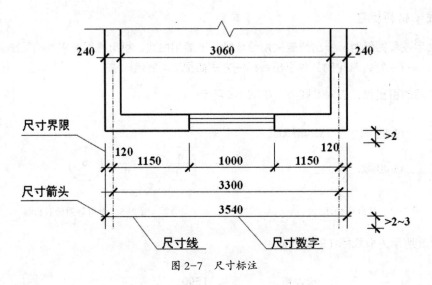

图 2-7　尺寸标注

9．详图索引标注

详图在本张图纸上时，表示为如图 2-8 所示的标注样式。

详图不在本张图纸上时，表示为如图 2-9 所示的标注样式。

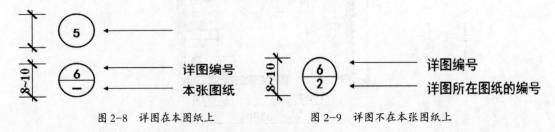

图 2-8　详图在本图纸上　　　　　　图 2-9　详图不在本张图纸上

索引详图的名称表示为如图 2-10 所示的标注样式。

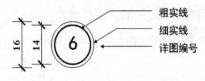

图 2-10 索引详图的名称

10. 图名、比例标注

图名标注在所标示图的下方正中，图名下画双划线。比例紧跟其后，但不在双线之内，如图 2-11 所示。

图名、比例完整的标注方法，如图 2-12 所示。

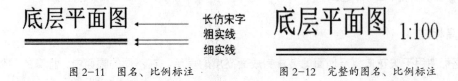

图 2-11 图名、比例标注　　　　图 2-12 完整的图名、比例标注

11. 立面索引指向符号

在平面图内指示立面索引或剖切立面索引的符号，如图 2-13 所示。

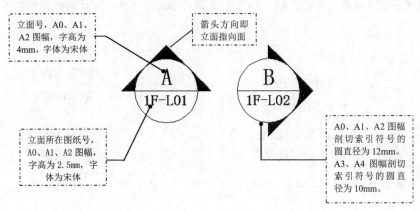

图 2-13 索引符号示意图

如果一幅图内含多个立面时可采用如图 2-14 所示的形式。若所引立面在不同的图幅内可采用如图 2-15 所示的形式。

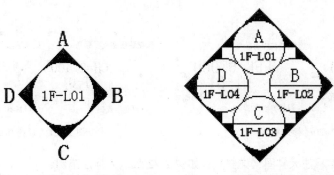

图 2-14 同时标注 4 个面　　　　图 2-15 不同幅面的索引标注

如图 2-16 所示的符号作为所指示立面的起止点之用。

如图 2-17 所示的符号作为剖立面索引指向。

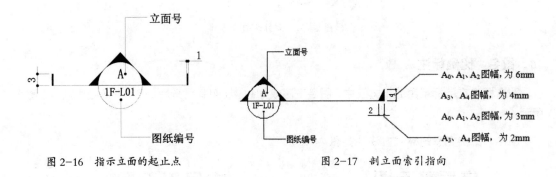

图 2-16　指示立面的起止点　　　　　　　图 2-17　剖立面索引指向

12．标高标注

标高标注用于天花造型及地面的装修完成面高度的表示。在不同的幅面中，标高的字体高度也会不同。

◆ 符号笔号为 4 号色，适用于 A0、A1、A2 图幅字高为 2.5mm，字体为宋体的标高标注样式如图 2-18 所示。

◆ 符号笔号为 4 号色，适用于 A3、A4 图幅字高为 2mm，字体为宋体的标高标注样式如图 2-19 所示。

图 2-18　A0、A1、A2 图幅的标高　　　　　图 2-19　A3、A4 图幅的标高

◆ 由引出线、矩形、标高、材料名称组成，适用于 A0、A1、A2 图幅字高为 2.5mm，字体为宋体，如图 2-20 所示。

◆ 由引出线、矩形、标高、材料名称组成，适用于 A3、A4 图幅字高为 2mm，字体为宋体，如图 2-21 所示。

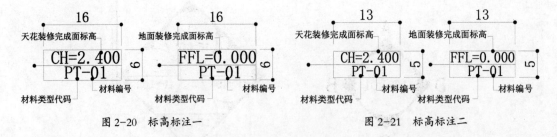

图 2-20　标高标注一　　　　　　　　　　图 2-21　标高标注二

标高标注符号常标注大样图（详图），如图 2-22 所示为标注范例。

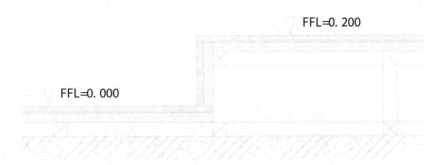

图 2-22 标高标注范例

2.2 制作国标（GB）室内设计制图样板

AutoCAD 软件中没有完全符合国标（GB）制图的模板，所以在新建 AutoCAD 制图文件时，选择国际标准（ISO）的样板，以此配置符合国标（GB）室内设计制图的标准样板。

2.2.1 使用 AutoCAD 提供的样板文件

如图 2-23 所示为启动 AutoCAD 2016 后在"欢迎界面"上的样板文件。

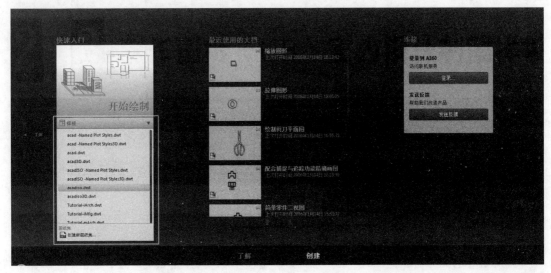

图 2-23 启动 AutoCAD 2016 后在"欢迎界面"上的样板文件

◆ Acad 类型：为英制的布局样板文件。

◆ Acad iso 类型：为国际标准（公制）的布局样板文件。

◆ **Totorial 类型**：此类型包括 4 种特殊样板文件，如 iArch 为英制建筑样板文件；iMfg 为英制机械样板文件；mArch 为公制 A1 布局的、有图框边界的机械样板文件；mMfg 为公制 A1 的、无图框边界的机械样板文件。

结合上述的样板文件，要建立符合国标（GB）的室内设计样板，跨越有两种选择：一种是选择公制的 Acad iso 样板作为基础，进而设置相关的选项和参数；另一种就是选择英制的建筑样板文件 Totorial-iArch 作为基础，进而重新设置单位及其他选项。

本节将以选择 Acad iso 样板作为基础，详解国标（GB）室内设计样板文件的制作方法。

2.2.2 熟悉 AutoCAD 2016 制图环境

AutoCAD 2016 提供了"草图与注释""三维建模"和"AutoCAD 经典"3 种工作空间模式，用户在工作状态下可以随时切换工作空间。

在程序的默认状态下，窗口中打开的是"草图与注释"工作空间。"草图与注释"工作空间的工作界面主要由菜单浏览、快速访问工具栏、信息搜索中心、菜单栏、功能区、文件选项卡、绘图区、命令行、状态栏等元素组成，如图 2-24 所示。

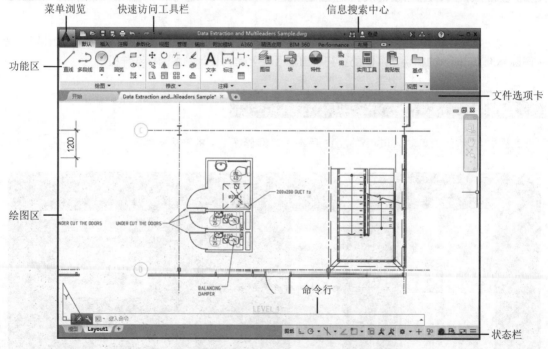

图 2-24 AutoCAD 2016"草图与注释"空间工作界面

技术要点：

初始打开 AutoCAD 2016 软件显示的界面为黑色背景，与绘图区的背景颜色一致，如果你觉得黑色不美观，可以通过在菜单栏选择"工具"|"选项"命令，打开"选项"对话框，然后在"显示"选项卡中设置窗口的配色方案为"明"即可，如图 2-25 所示。

图 2-25 设置功能区窗口的背景颜色

技术要点：

同样地，如果需要设置绘图区的背景颜色，也可以在"选项"对话框的"显示"选项卡中进行颜色设置，如图 2-26 所示。

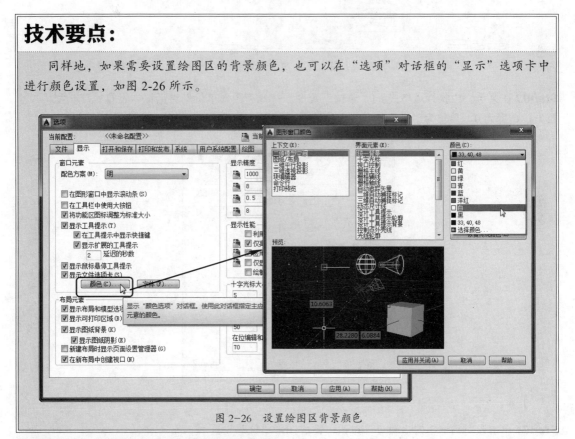

图 2-26 设置绘图区背景颜色

2.2.3 设置绘图单位与图形界限

选择 Acad iso 样板文件进入 AutoCAD 2016 制图环境（也称为"模型空间"）后，首要的任务就是设置绘图单位。

动手操作：设置绘图单位

Step01 设置单位的命令在 AutoCAD 菜单栏中，但第一次启动 AutoCAD 2016 时，其菜单栏是隐藏的。

Step02 在快速访问工具栏中单击"自定义访问快速访问工具栏"按钮，在弹出的菜单中执行"显示菜单栏"命令，显示菜单栏，如图 2-27 所示。

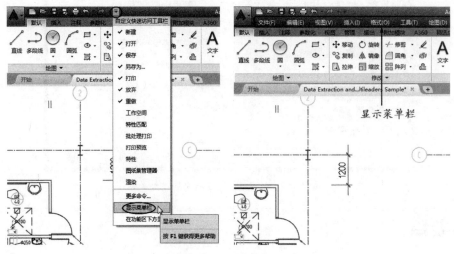

图 2-27　显示菜单栏

Step03 在菜单栏中执行"格式"|"单位"命令，打开"图形单位"对话框。设置长度类型为"小数"，精度为 0，单位为"米"，其余保留默认，如图 2-28 所示。

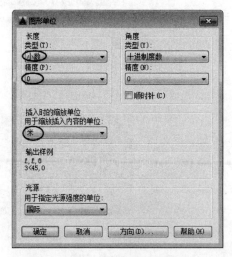

图 2-28　设置图形单位

Step04 单击该对话框中的"确定"按钮，完成图形单位的设置。

技术要点：

　　如果忘记了设置图形单位这一步，也没有关系，可以在设置尺寸标注样式时再设置标注主单位。

动手操作：设置图形界限

设置图形界限是为了便于绘制图幅边界，更是图纸完成后打印出图的依据。下面我们以 A3 图幅（横幅）为例，设置绘图界限。

Step01 在菜单栏中执行"格式"|"图形界限"命令，然后在"指针输入"文本框或命令行中输入（0,0）绝对坐标作为图形界限的第一角点，如图 2-29 所示。

Step02 随后在光标的移动过程中再输入（420,297）绝对坐标并按 Enter 键，完成图形界限的设定，如图 2-30 所示。

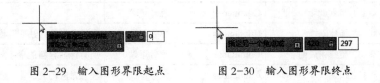

图 2-29　输入图形界限起点　　　　　图 2-30　输入图形界限终点

技术要点：

由于 A3 标准图幅（横幅）的尺寸是 420×297，是以毫米作为单位的，但在建筑及室内设计中，特别是规划图之类，其尺寸单位为米，但我们可以按本章表 2-2 提供的比例进行比例缩小绘制。标注尺寸时再设定尺寸比例即可，其技法我们将在后面的章节中详细介绍。

Step03 设置图形界限后，肉眼是无法看见的，必须启用栅格显示。先在图形区左下角单击选中坐标系，然后拖曳其原点到图形区的其他位置上放置，如图 2-31 所示。

Step04 在状态栏上单击"显示图形栅格"按钮 ▦，随即用栅格来表现设置的图形界限，如图 2-32 所示。

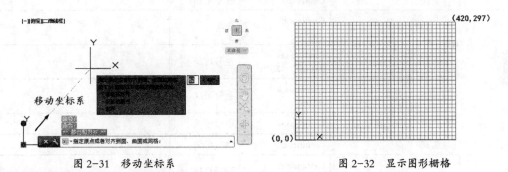

图 2-31　移动坐标系　　　　　　　　　图 2-32　显示图形栅格

2.2.4　标准图纸与图层的应用

图层的设定可以提高制图效率、方便图纸文件的相互交流，甚至对于深化图纸设计也有很大的帮助。此外，前面提到的线型与笔宽的设定也可以随图层的属性一同调整，在布局空间或模型空间内，开关图层便于图纸内容的修改与核对。

在绘图的过程中经常会插入其他设计公司的图纸图块，为了避免其他图层图块与用户的图层搀杂在一起不方便查找，因此图层均以阿拉伯数字"0"开头，排在计算机图层的最前面，方便查找编辑。

图层为构成一张图纸的基本内容，可以根据不同情况有所增减，此外图层亦可附带图线的线型、笔号的特性，具体内容参见表 2-4。

表 2-4　常见图层的设置

图层名称		线形	色号	备注
图框_外框线		Continuous	4 号	线宽 0.09mm
图框_内框线		Continuous	4 号	线宽 0.5mm
图框_角线		Continuous	4 号	线宽 0.6mm
图签	0-000 图签	Continuous	色号可调	可制成母图便于修改
轴线	0-100 轴线	Center	8 号	注意线型尺寸的调整
墙	0-110 承重墙、柱	Continuous	4 号	
	0-111 非承重墙	Continuous	色号可调	
	0-112 加建隔墙	Continuous	色号可调	在填充图例内注明隔墙的材料属性
	0-113 装修完成面	Continuous	色号可调	所有饰面材料的最终外轮廓线
门	0-120 门	Continuous	色号可调	注意对应门表
	0-121 门墙	Continuous	色号可调	注意在平面和天花图层之间的开关
窗	0-130 窗	Continuous	色号可调	注意对应窗表
标注	0-140 标注	Continuous	色号可调	可据图面要求分层设置，如在布局空间内标注，也可不必分过多的层
吊顶	0-150 吊顶	Continuous	色号可调	
	0-151 天花灯饰	Continuous dashed	8 号	
	0-152 灯槽	dashed	8 号	注意线型尺寸的调整
地面	0-160 地面铺装	Continuous	8 号	
	0-161 室外附建部分	Continuous	色号可调	
	0-163 楼梯	Continuous	色号可调	
家具	0-170 活动家具	Continuous dashed	8 号	
	0-171 固定家具	Continuous dashed	色号可调	
	0-172 到顶家具	Continuous dashed	色号可调	
	0-173 绿化、陈设	Continuous	色号可调	
	0-174 洁具	Continuous	色号可调	
立面	0-180 立面	Continuous dashed	色号可调	
机电	0-190 机电	Continuous	色号可调	包含烟感、喷淋等专业图层
默认层	DEFPOINTS	Continuous	色号可调	此图层打印时不显示

这里用 0-000 索引的目的是，在作图过程中，如有其他图层插入时，可以使预设好的图层排列在前端。

图层共分以上几部分，当每部分需要细化时，可在此基础上设定新图层。

A：4 号线宽为 0.6mm；8 号线为 0.15mm；其余线型均为 0.3mm/ 适用于 A2、A1、A0
B：4 号线宽为 0.5mm；8 号线为 0.09mm；其余线型均为 0.25mm/ 适用于 A4、A3
C：图内文字及标注字高为 2.5/ 适用于 A4、A3
D：图内文字及标注字高为 3/ 适用于 A2、A1、A0

图纸完成后应核对各图层的开关情况，核对图纸的比例与标注是否对应。

下面以创建"图纸图框"的图层为例，介绍图层的创建方法。

动手操作：创建图纸图框图层

Step01 在命令窗口中输入 LAYER 并按 Enter 键。打开如图 2-33 所示的"图层特性管理器"面板。

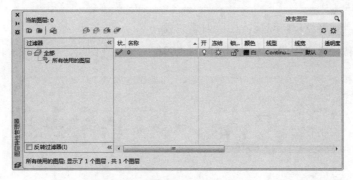

图 2-33 "图层特性管理器"面板

Step02 单击"新建图层"按钮 ，或按快捷键 Alt+N，创建一个新的图层，在"名称"框中输入新图层的名称"图框 _ 外框线"。在线宽列单击可选择线宽为 0.09mm，如图 2-34 所示。

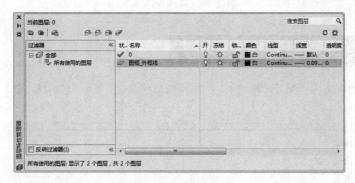

图 2-34 创建墙体图层

Step03 设置图层颜色。单击"图框 _ 内框线"图层的颜色图标，打开如图 2-35 所示的"选择颜色"对话框，根据绘图需要选择所需的图层颜色（选 4 号），完成后单击"确定"按钮关闭对话框。

图 2-35 "选择颜色"对话框

技术要点：

图形最终的打印颜色取决于打印样式的设置，这里设置图层颜色主要用于区分图形，例如墙体图层颜色一般与门窗图层使用不同的颜色。

Step04 该图层的其他特性保持默认，图层创建完成。

Step05 同理，再依次建立"图框_内框线"和"图框_角线"图层，如图 2-36 所示。

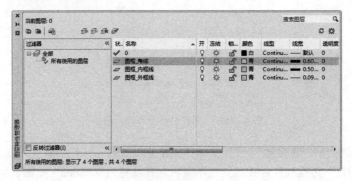

图 2-36　建立其他图层

2.2.5　绘制图框、会签栏和标题栏

GB 标准图纸的图框由图幅（外框线）、图框（内框线）、会签栏和标题栏组成，如图 2-37 所示。

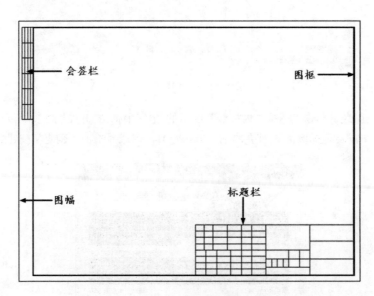

图 2-37　标准图纸图框

设置了图形界限，下面接着利用 AutoCAD 绘图命令绘制图幅和图框。

动手操作：绘制图幅图框

Step01 在功能区"默认"选项卡的"图层"面板中，选择"图框_外框线"图层为当前工作图层，如图 2-38 所示。

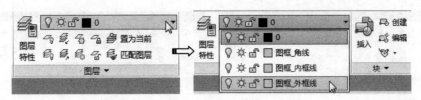

图 2-38　选择当前图层

Step02 执行"矩形"命令 ▭·，在命令行中输入左下角点坐标(0,0)，再输入右上角点坐标(420,297)，绘制的矩形如图 2-39 所示。

Step03 执行 O（偏移）命令 ⬜，选择矩形向内偏移，且偏移距离为 5，结果如图 2-40 所示。

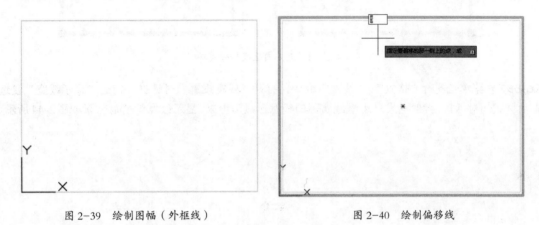

图 2-39　绘制图幅（外框线）　　　　　　　　　图 2-40　绘制偏移线

Step04 选中偏移线，然后将光标放置在左侧线的中点处，稍后弹出命令菜单，执行"拉伸"命令，如图 2-41 所示。

Step05 水平向右移动，输入移动值为 20，如图 2-42 所示。

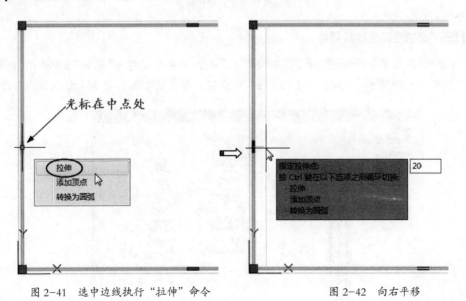

图 2-41　选中边线执行"拉伸"命令　　　　　　图 2-42　向右平移

Step06 再选中平移边线后的矩形（内框线），然后选择"图框_内框线"图层，此操作的意义是将选中的图形从当前图层转移到另一个图层。转移图层后的效果如图 2-43 所示。

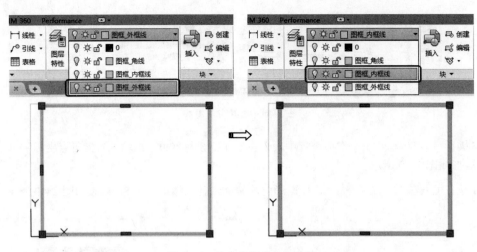

图 2-43　选中内框线转移图层

Step07 在菜单栏执行"格式"|"线宽"命令，打开"线宽设置"对话框。勾选"显示线宽"复选框后并关闭对话框，此时会发现内框线实际的线宽已显示出来。显示线宽的前后效果如图 2-44 所示。

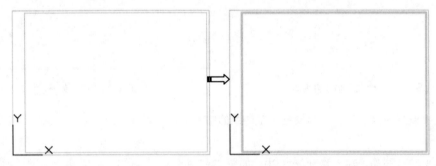

图 2-44　显示线宽的前后对比效果

动手操作：绘制会签栏和标题栏

Step01 绘制标题栏。执行菜单栏中的"格式"|"表格样式"命令，或者在功能区"默认"选项卡的"注释"面板中单击"表格"按钮 ▦ 表格，弹出"插入表格"对话框，并设置如图 2-45 所示的选项及参数。

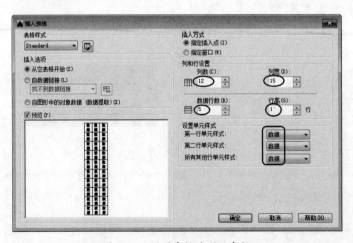

图 2-45　设置表格选项及参数

Step02 单击"确定"按钮，在图框线右下角附近放置表格，并拖曳表格右下角与图框右下角重合对齐，如图2-46所示。

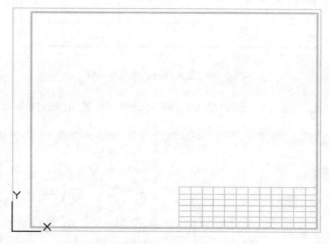

图2-46　放置表格

Step03 在表格中框选要进行编辑的多个单元格，如图2-47所示。

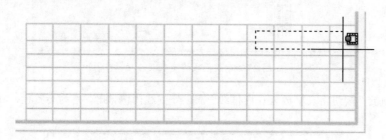

图2-47　框选单元格

Step04 在弹出的"表格单元"选项卡的"合并"面板中单击"合并单元"按钮▦，合并框选的多个单元格，如图2-48所示。

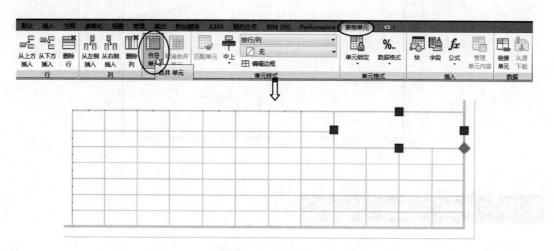

图2-48　合并单元格

Step05 使用同样的方法对其他单元格进行合并，结果如图2-49所示。

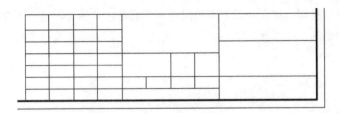

图 2-49　完成标题栏单元格编辑

Step06 重新执行"表格"命令，打开"插入表格"对话框。设置如图 2-50 所示的表格参数及选项。

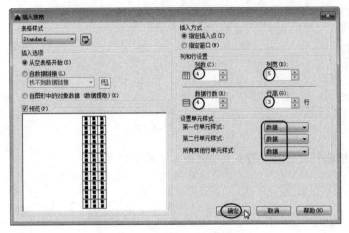

图 2-50　设置表格参数及选项

Step07 单击"确定"按钮将表格放置在内框线外侧、外框线内侧，此表格为会签栏，如图 2-51 所示。

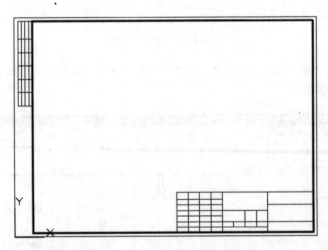

图 2-51　放置表格完成会签栏的建立

2.2.6　关于线宽与线型的设定

　　线宽与线型的设定可以在绘图前进行，也可以在绘图后进行。但是我们要养成一个良好的习惯，在绘图前设定，这样可以避免后续出错。当然对于较为简单的图形，整个图纸的组合元素不是很复杂的情况下，绘图后再设定也是可以的。

例如，前面介绍的图层应用，其实就是绘图前进行线宽与线型的设定。那么，什么是绘图后的设定呢？如图 2-52 所示，功能区"默认"选项卡的"特性"面板中的工具命令，就是用于绘图后设定线宽与线型的。

值得强调的是，使用特性来设定线宽和线型，存在一个弊端，那就是这种线型、线宽设置只有绘图者自己清楚地知道每条线的设定值，若别人接手后面的工作，将无法在短时间内查询线宽、线型的设定值，从而增加了修改图纸的难度。当然，除了这种绘图后的设置方式，我们还可以利用"打印样式编辑器"进行设置，具体方法将在 2.4 节中详细介绍。

下面介绍除了图层设置线宽、线型方式的其余两种设置方法。给出如图 2-53 所示的图例，在前面已经建立好的 A3 横幅图框中绘制。

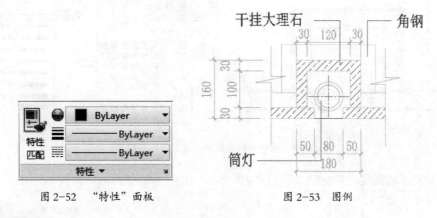

图 2-52　"特性"面板　　　　　图 2-53　图例

动手操作：通过"特性"面板设置颜色、线宽与线型

通过"特性"面板设置颜色、线宽和线型仅仅针对某个图线对象，对图层中的其他元素不会产生任何影响。

Step01 利用"直线""圆""样条曲线拟合""图案填充"等命令，结合图 2-52 的图例中的尺寸，绘制节点图，如图 2-54 所示。

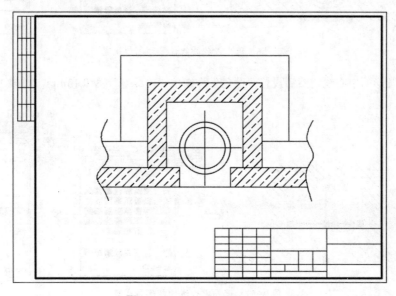

图 2-54　绘制图形

技术要点：

在绘制此图形前，执行菜单栏中的"修改"|"缩放"命令，暂时把图框放大 1000 倍，用实际的 A3 图幅比例进行绘制。

Step02 从绘制的图形分析得知，线型应该包括可见轮廓线、剖面轮廓线、折断线、填充线和中心线。根据本章 2.1 节"图线及用法"中提供的线型、线宽及颜色参考，先选中剖切面轮廓线，然后在"特性"面板上分别选择"颜色"为青色、"线宽"为 0.5mm，如图 2-55 所示。

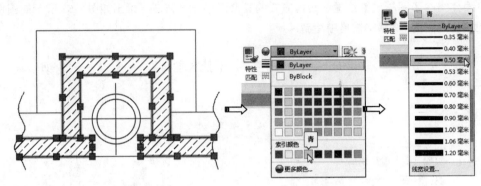

图 2-55 选中剖切面轮廓线设置颜色与线宽

Step03 选中可见轮廓线，并设置"颜色"为青色、"线宽"为 0.25mm，如图 2-56 所示。

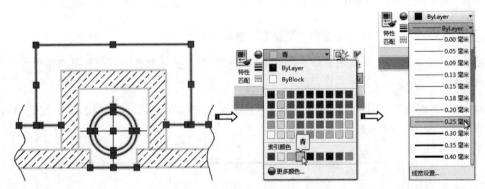

图 2-56 选中外轮廓线设置颜色与线宽

Step04 选中圆形的中心线，然后设置"颜色"为红色、"线宽"为 0.13mm，如图 2-57 所示。

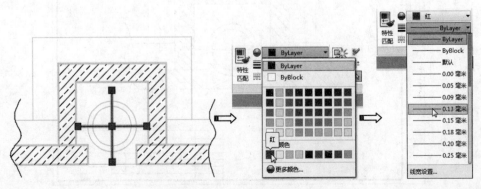

图 2-57 设置中心线的颜色与线宽

Step05 继续为中心线设置线型。在"线型"列表中没有中心线线型，可以单击列表底部的"其他"选项，弹出"线型管理器"对话框。单击该对话框中的"加载"按钮，如图2-58所示。

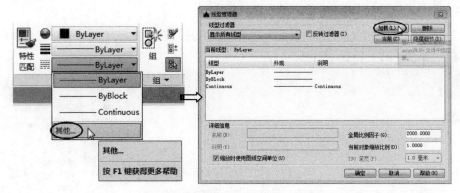

图2-58　打开"线型管理器"对话框

Step06 在随后弹出的"加载或重载线型"对话框中，选择"可用线型"列表中的CENTER（中心线）线型，并单击"确定"按钮，如图2-59所示。

Step07 在"线型管理器"对话框中选中加载的CENTER线型，单击"隐藏细节"按钮，并在下方的"全局比例因子"文本框内输入0.5000，最后单击"确定"按钮完成线型的加载，如图2-60所示。

图2-59　加载CENTER线型

图2-60　设置线型的全局比例因子

Step08 再选中两条中心线，然后在"特性"面板的"线型"列表中选择CENTER线型即可，如图2-61所示。

Step09 最终图形的颜色、线宽和线型设置完成的效果如图2-62所示。很明显，除了0.5mm线宽的剖面轮廓能看出线宽外，其余线型基本上没有变化。这是为什么呢？我们将在2.4节中介绍另一种处理方法。

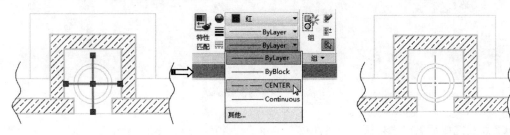

图2-61　为中心线设置新线型　　　　图2-62　设置完成的颜色、线宽和线型

动手操作：通过图线的"特性"设置颜色、线宽与线型

有时候，我们会对某个单一图线进行颜色、线宽和线型的设置，还可以用执行快捷菜单中的"特性"命令，打开"特性"控制面板的方法。操作如下：

Step01接着上一个案例的结果进行操作。选中两条折断线，再单击右键并执行快捷菜单中的"特性"命令，打开"特性"控制面板，如图 2-63 所示。

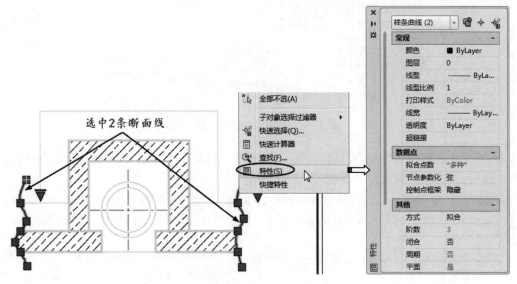

图 2-63　选中折断线执行快捷菜单命令

Step02 在"特性"控制面板上的"常规"选项区中，设置"颜色"为绿色、"线宽"为 0.13mm，如图 2-64 所示。

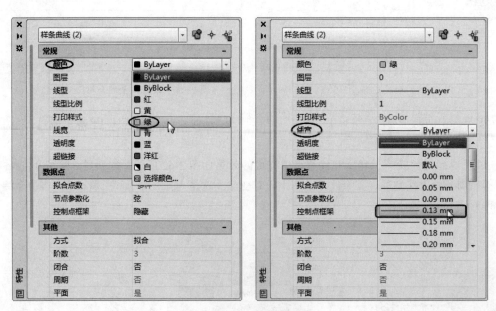

图 2-64　设置颜色和线宽

Step03 设置完成后单击"特性"控制面板左上角的"关闭"按钮 ✕，关闭控制面板。设置的结果如图 2-65 所示。

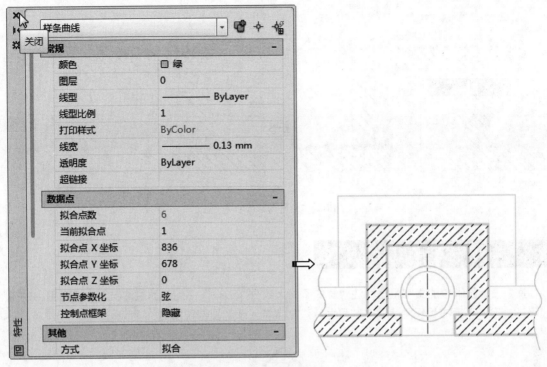

图 2-65　关闭控制面板并完成特性设置

动手操作：通过"特性匹配"设置颜色、线宽与线型

　　如果图形中有很多相同线型、线宽及颜色的元素，且在没有建立图层的情况下，我们也可以采用特性匹配的方式，快速设置颜色、线宽与线型。

技术要点：

　　特性匹配之前，需要先为同类型图线中的某一条线设置颜色、线宽和线型。

Step01 在功能区"默认"选项卡的"特性"面板中单击"特性匹配"按钮 。

Step02 选择线宽为 0.5mm 的剖切面轮廓线作为源对象，指针由 □ 变为 ，如图 2-66 所示。

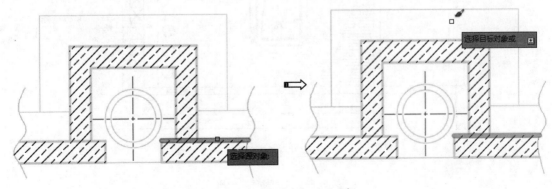

图 2-66　选取要匹配的源对象

Step03 依次选取可见的外轮廓线（线宽为 0.25mm）进行匹配，匹配的结果如图 2-67 所示。

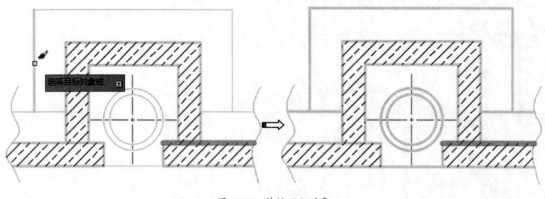

图 2-67　特性匹配对象

2.2.7　GB 标准图纸中的文字

室内设计图纸中的文字根据标注对象的不同大致分 3 种——书写标题栏的文字、立面图中的引线标注文字、平面布置图中房间名和尺寸标注文字等。示范图例如图 2-68 所示。

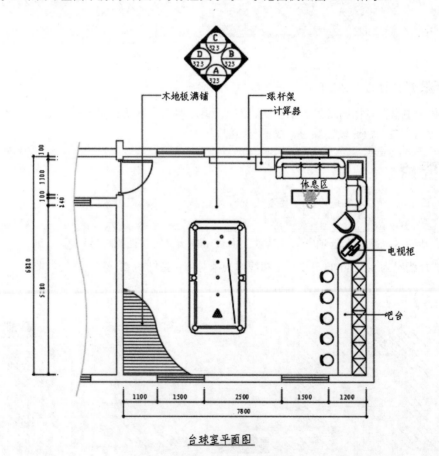

台球室平面图

图 2-68　文字标注范例图

依据 GB 室内制图规范，范例图中的文字主要用"仿宋 _GB2312"字体，当然有些规范图纸中也会使用 Arial 字体作为尺寸标注文本、黑体字作为说明文字，如图 2-69 所示。

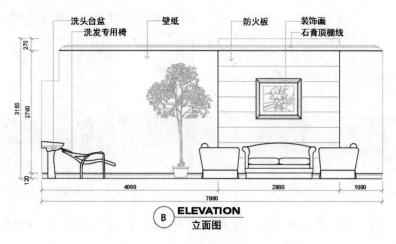

图 2-69 标注范例

> # 注意：
>
> 若计算机上没有"仿宋_GB2312"字体，可以从网络中搜索下载，然后安装即可。

无论采用什么字体，图中汉字、字符和数字应做到排列整齐、清楚正确、尺寸协调一致。汉字、字符和数字并列书写时，汉字字高略高于字符和数字字高。

下面就文字使用前的设置做简要介绍。

动手操作：设置文字样式

Step01 在菜单栏执行"格式"|"文字样式"命令，或者在"注释"面板中单击"文字样式"按钮 ![A]，打开"文字样式"对话框，如图 2-70 所示。

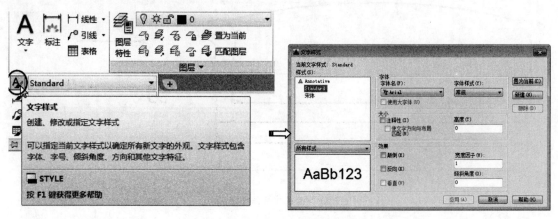

图 2-70 打开"文字样式"对话框

Step02 单击"新建"按钮，并命名新文字样式名为"文字标注"，单击"确定"按钮完成新样式的建立，如图 2-71 所示。

Step03 为新文字样式选择字体为"仿宋_GB2312"，其余选项保持默认，然后单击"应用"按钮完成新文字样式的建立，如图 2-72 所示。

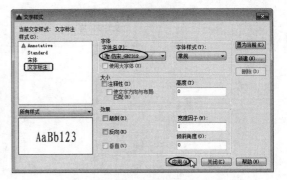

图 2-71　新建文字样式　　　　　　　　图 2-72　为新字体颜色选择字体

Step04 同理，如果要使用黑体和 Arial 体来命名工程与尺寸标注，再新建两个文字样式即可。

2.2.8　AutoCAD 的尺寸设置规范

在对室内施工图进行标注时，依据用途和打印比例的不同，需要采用不同的标注样式。特别是作为一种建筑工程图，室内施工图的尺寸标注必须符合相关的国家标准和制作规范，尺寸起止符一般使用中粗斜短线绘制，其倾斜方向应与尺寸界线成顺时针 45°角；标注半径、直径、角度和弧长尺寸时宜用箭头。除此之外，同一套施工图纸应该使用统一比例的尺寸标注，因此在标注图形之前，应按照图形的输出比例设置好标注样式。

一个完整的尺寸标注由尺寸线、尺寸界限、尺寸文本和尺寸箭头 4 部分组成，如图 2-73 所示。设置尺寸标注样式，就是修改这 4 部分的格式及其绘图比例。

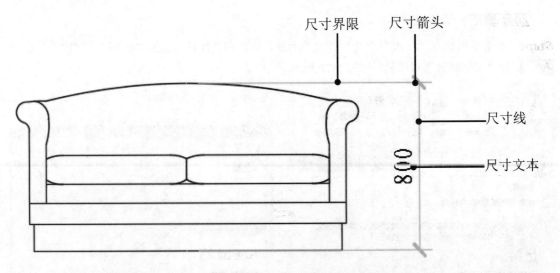

图 2-73　尺寸标注的组成

AutoCAD 2016 默认使用 ISO-25 样式作为标注样式，在用户未创建新的尺寸标注样式之前，图形中所有尺寸标注均使用该样式。

动手操作：设置尺寸标注样式

Step01 在命令窗口中输入 DIMSTYLE 并按 Enter 键，或执行菜单栏中的"格式"|"标注样式"命令，打开"标注样式管理器"对话框，如图 2-74 所示，该对话框专用于创建和管理标注样式。

Step02 单击"新建"按钮，在打开的"创建新标注样式"对话框中输入新样式的名称"室内设计制图 1:100"，如图 2-75 所示。

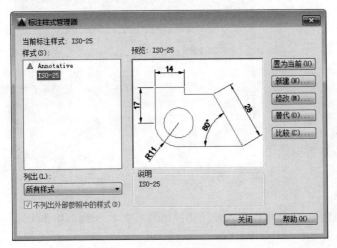

图 2-74 "标注样式管理器"对话框　　　　　图 2-75 创建新标注样式

Step03 单击"继续"按钮。弹出"新建标注样式：室内设计制图 1:100"对话框，选择"符号和箭头"选项卡，选择箭头的第一个、第二个样式为"建筑标记"，"引线"标记为"小点"，"箭头大小"重设为 2，如图 2-76 所示。

Step04 在"文字"选项卡，对尺寸文字的样式进行设置。选择前面建立的"尺寸标注"文字样式，如图 2-77 所示。

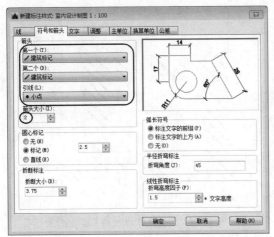

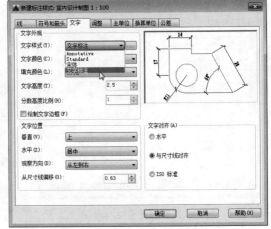

图 2-76 设置尺寸箭头样式　　　　　图 2-77 设置尺寸文字样式

Step05 暂时关闭"新建标注样式"对话框，返回图形区中选择一条图线进行标注，查看尺寸标注与图形之间的比例如何，如图 2-78 所示，利用"注释"面板中的"线性"尺寸标注的结果与图形之间显得极不协调。

Step06 这就需要重新编辑该尺寸样式，执行"格式"|"标注样式"命令，打开"标注样式管理器"对话框。

Step07 在样式列表中选中先前建立的"室内设计制图 1:100"样式，再单击"修改"按钮，如图 2-79 所示。

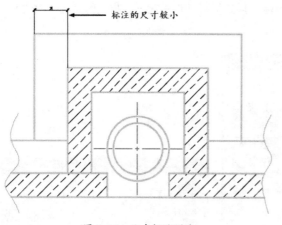

图 2-78　尺寸标注测试

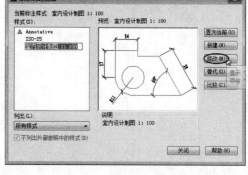

图 2-79　修改标注样式

Step08 选择"调整"选项卡,在"使用全局比例"文本框内输入新的比例值为3。其余参数及选项不变,如图 2-80 所示。

技术要点:

这个值也仅仅是预估的,如果再次标注仍不协调,需要重复多次设置全局比例值。

Step09 单击"确定"按钮返回图形区中,此时先前标注的尺寸比例发生了变化,如图 2-81 所示。

图 2-80　设置全局比例

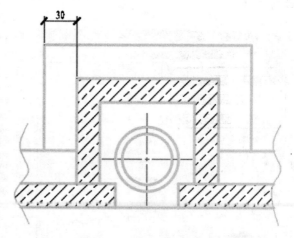

图 2-81　编辑尺寸标注样式后的情形

Step10 由于装修图纸的类型不同,还需建立不同比例的尺寸标注样式。使用同样的方法,分别创建 1:50、1:30、1:10 和 1:5 等不同比例的尺寸标注样式,这些标注样式可用来对不同输出比例的图形进行尺寸标注。它们除了"全局比例"参数有所不同之外,其他参数均与标注样式 1:100 相同,因此它们都可以在标注样式 1:100 的基础上创建,如图 2-82 所示。

技术要点:

根据不同的输出比例在"调整"选项卡中设置"使用全局比例"参数即可,例如输出比例为 1:50 的标注则设置"使用全局比例"为 0.5; 1:30 为 0.3; 1:10 为 0.1; 1:5 为 0.05。

Step11 最终，将创建完成的国标 (GB) 室内设计制图文件选中，单击"快速访问工具栏"上的"另存为"按钮![img]保存样板文件，如图 2-83 所示。

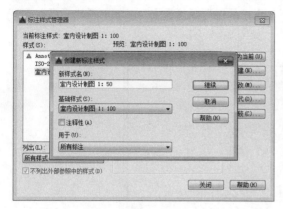

图 2-82 创建新标注样式

图 2-83 保存为样板文件

2.3 绘制图纸时的其他注意事项

在绘制图纸时，还有一些问题时时困扰新手设计人员。下面我们来讨论绘图时遇到的其他问题。

2.3.1 解决线宽显示问题

前面在进行特性（颜色、线宽及线型）设置时，就会遇到这样的问题：如果按照 GB 规范来设置线宽，显示线宽后，会发现显示的线宽极不协调，很粗，如图 2-84 所示。

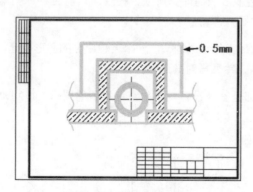

图 2-84 线宽显示不协调

为什么会这样呢？这与 AutoCAD 显示的比例有关。在默认情况下，线宽显示的协调性与计算机分辨率相关，分辨率高的计算机，默认显示线宽是正常的，相反感觉就不协调了。我们需要进行以下操作进行解决。

动手操作：调整显示比例

Step01 在菜单栏执行"格式"|"线宽"命令，打开"线宽设置"对话框。

Step02 在该对话框的"调整显示比例"选项区下拖曳"最小"至"最大"之间的滑块，可以改变线宽显示比例。上图中的线宽问题应该将比例减小，如图 2-85 所示。

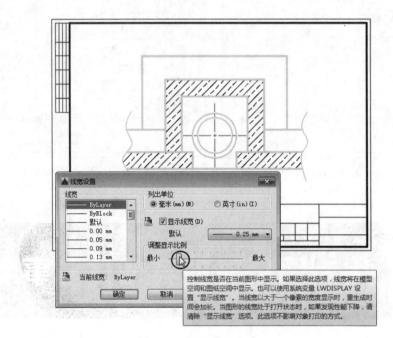

图 2-85　调整线宽的显示比例

Step03 调整显示比例后，很明显，线宽显示就正常了。

2.3.2　室内设计制图要会用图块

在室内装修设计中，常常会多次重复绘制一些相同或相似的图形符号（如门、窗、标高符号等），若每个图形都重复绘制，会很浪费时间。所以，在绘图以前应将那些常用到的图形制作成图块，以后再用到时，直接将图块插入即可。

图块是由一个或多个图形实体组成的，以一个名称命名的图形单元，要定义一个图块，首先要绘制好组成图块的图形实体，然后再对其进行定义。

如图 2-86 所示的图形都是室内设计制图中常会用到的图形，可将这些图形分别绘制出来，并定义为一个单独的图块。

图 2-86　室内平面布置图中常见的图块

如图 2-87 所示为某餐厅的平面布置图，图中就插入了多个家居摆设和植物的图块。

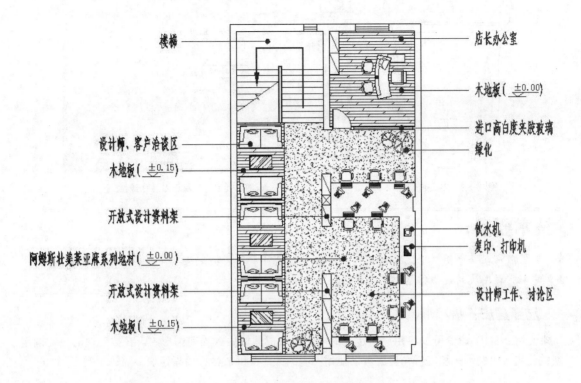

图 2-87　某餐厅平面布置图

下面进行一个图块的创建练习。例如，使用 BLOCK 命令将图形定义为一个内部图块。其中，该图块名称为 DBQ、基点为 A 点、以"毫米"为单位插入到图形中。

动手操作：创建块

Step01 打开本例素材源文件"坐便器 .dwg"。

Step02 在功能区中"插入"选项卡的"块定义"面板中单击"创建块"按钮，或在命令行中输入 BLOCK 命令，弹出"块定义"对话框。

Step03 在该对话框的"名称"下拉列表中输入 DBQ，指定图块名称。

技术要点：

在同一个图形文件中，不能定义两个相同名称的图块，如果用户输入的图块名是列表框中已有的块名，则在单击"确定"按钮时，系统将提示已定义该图块，并询问是否重新定义。

Step04 在"对象"栏中单击"选择对象"按钮，系统返回绘图区中，选择如图 2-88 所示的图形，按 Enter 键返回"块定义"对话框。

Step05 在"对象"栏中选择"转换为块"选项，将所选图形定义为块。

Step06 在"基点"栏中单击"拾取点"按钮，返回绘图区中，拾取 A 点，系统自动返回"块定义"对话框。

Step07 在"插入单位"下拉列表中选择图块的插入单位，在此，选择"毫米"选项，即以"毫米"为单位插入图块，如图 2-89 所示，最后单击"确定"按钮即可。

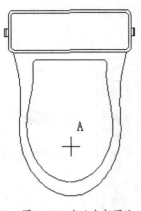

图 2-88　定义内部图块

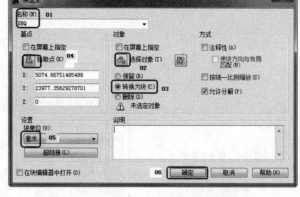

图 2-89　"块定义"对话框

技术要点：

　　若用户在一个图形中定义的内部图块较多时，可以在"块定义"对话框中的"说明"列表框中指定该图块的说明信息，以便于区分。

动手操作：插入图块

　　使用 INSERT 命令可以将用户所定义的内部或外部图块插入当前图形中。在插入块时，需确定块的位置、比例因子和旋转角度。可以使用不同的 X、Y 和 Z 坐标值指定块参照的比例。

　　例如，使用 INSERT 命令将前面定义的 DBQ 外部图块插入如图 2-90 所示的卫生间平面图中。

Step01 打开本例素材源文件"卫生间平面图 .dwg"。

Step02 单击"插入"按钮 ，或在命令行中输入 INSERT 命令，系统打开如图 2-91 所示的"插入"对话框。

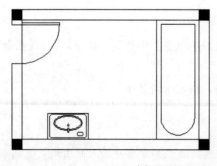

图 2-90　插入外部图块

图 2-91　"插入"对话框

Step03 在该对话框中单击"浏览"按钮，系统打开如图 2-92 所示的"选择图形文件"对话框，在该对话框中选择 DBQ.dwg 文件，单击"打开"按钮。

Step04 在"插入点"栏中选中"在屏幕上指定"选项，单击"确定"按钮后在绘图区中动态指定图块的插入点。

Step05 在"比例"栏中选中"统一比例"复选框，在 X 文本框中输入 0.6，指定图块的缩放比例。

Step06 在"旋转"栏的"角度"文本框中输入 180，将图块旋转 180°，如图 2-93 所示。

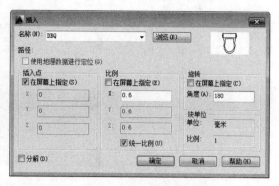

图 2-92 "选择图形文件"对话框　　　　　　　　图 2-93 设置插入块参数

Step07 单击"确定"按钮，系统返回绘图区中，根据系统提示指定图块插入位置。

```
命令：INSERT                                    // 输入 INSERT 命令插入图块
指定插入点或 "比例 (S)/X/Y/Z/ 旋转 (R)/ 预览比例
(PS)/PX/PY/PZ/ 预览旋转 (PR)"：点取 A 点        // 指定图块的插入位置
```

如图 2-94 所示。

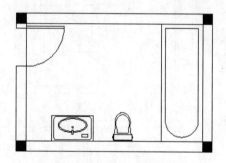

图 2-94 插入块后的图形

技术要点：

　　若要对插入的图块进行编辑，可以在"写块"对话框中选中"分解"复选框，插入后的图块各部分是一个单独的实体。但应注意，若图块以在 X、Y、Z 方向不同的比例插入，则不能用 EXPLODE 命令分解。

　　若要插入一个内部图块，则在"写块"对话框的"名称"下拉列表中选择所需的内部图块即可，其余设置与插入外部图块相同。

　　用 BLOCK 和 WBLOCK 建立的图块，确定的插入点即为插入时的基点。如果直接插入外部图形文件，系统将以图形文件的原点（0,0,0）作为默认的插入基点。

2.3.3 养成使用图层的习惯

　　图层的重要性不再阐述。在绘图时思维要清晰，图线在什么图层、尺寸标注在什么图层、轴线在什么图层，等等，这对于我们修改图纸非常重要。

　　例如，如图 2-95 所示为某建筑的室内平面布置图。

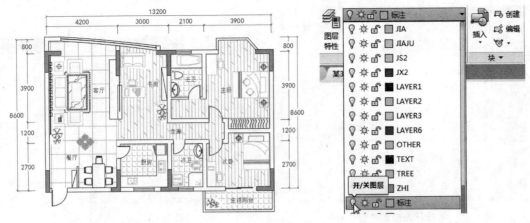

图 2-95 室内平面布置图

打开图层、关闭图层可以得到不同的效果，如图 2-96 所示。

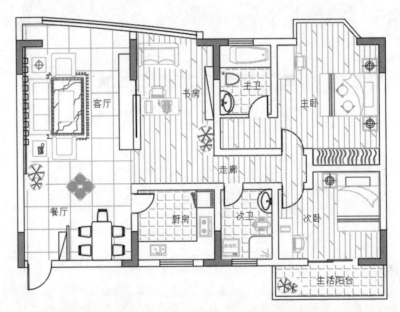

图 2-96 关闭"标注"图层后的效果

2.3.4 整理散乱的图纸

每个人操作 AutoCAD 的习惯都有所不同，当一个项目中衍生出多张图纸时，设计师做好整理图纸工作，以便顺利交接。

当设计师把多张图纸制作在同一个 AutoCAD 文档中时，凌乱的摆放图纸会导致后续接手人员打开计算机时找不到文件或文件容量过大造成计算机死机等问题，所以整理图纸就显得非常重要。

下面用一个实例来演示如何整理图纸。

动手操作：整理散乱的图纸

Step01 打开本例练习的源文件"三室两厅设计施工图 .dwg"。

Step02 打开的文件中有很多张散乱的图纸，如图 2-97 所示。

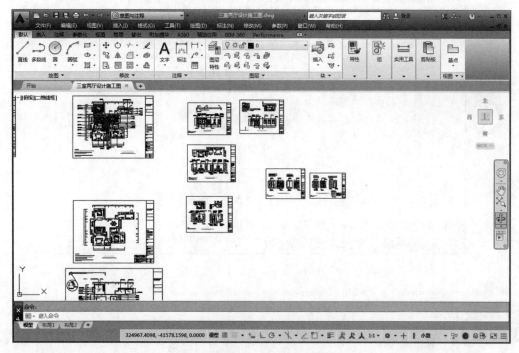

图 2-97　散乱的图纸

Step03 假设上一位设计师保存文件时仅放大显示了其中一张图纸，如图 2-98 所示。

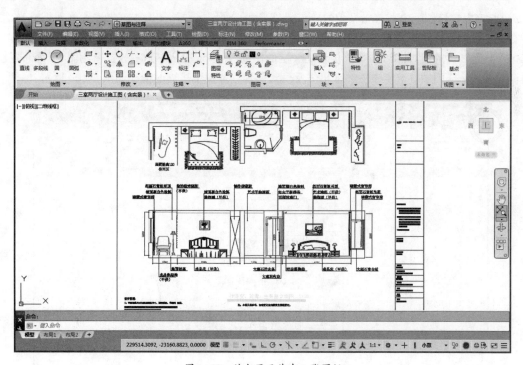

图 2-98　放大显示其中一张图纸

Step04 当你接手并打开图纸时就是图 2-98 的状态，这就需要我们养成一个习惯：执行菜单栏中的"视图"|"缩放"|"全部"命令，全部显示窗口中的所有图纸，如图 2-99 所示。

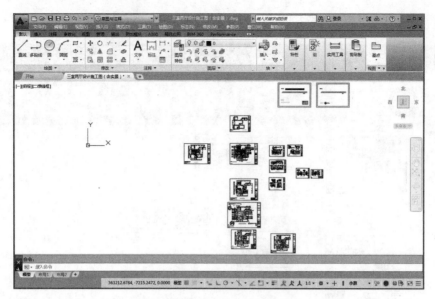

图 2-99　全部显示窗口中的图纸

技术要点：

在图的数量较多且无法拆图的情况下，力求将图纸排列工整。笔者的观念是：AutoCAD 的图就如同自己的桌面，有序地排列能让图纸表达得更清楚，同时也提高了自己或他人的读图、识图速度。

Step05 室内装修图纸中，首先显示的应该就是户型平面图（原始图），或者平面布置图。当然如果存在图纸封面，第一排应该放置封面图；第二排是一层的建筑平面图或室内平面布置图等；第三排应该是二层的，以此类推。如果仅仅是一层的图纸，应该依次从左到右放置原始图、平面布置图、顶棚设计图、立面图、节点详图、水电气及供暖图等，本例中排列的情况如图 2-100 所示。

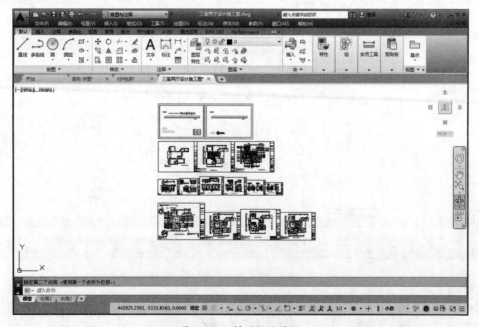

图 2-100　排列好的图纸

2.3.5 断电或死机造成的文件恢复

我们是平时绘图学习也好，还是在工作中设计也好，都有可能会碰到突然断电或死机造成工作中断，因此我们要做好充分的准备，以免导致工作白做。下面举例说明。

动手操作：设置文档保存时间及图形修复

Step01 安装 AutoCAD 2016 软件并在第一次启动软件后，首先设置文档保存时间，这是很重要的工作。

Step02 在菜单栏中执行"工具"|"选项"命令，打开"选项"对话框。

Step03 在"打开和保存"选项卡下，勾选"自动保存"复选框，并设置"保存间隔分钟数"为1，如图 2-101 所示。这就意味着在工作过程中，软件会每隔 1 分钟自动保存当前所做的工作。

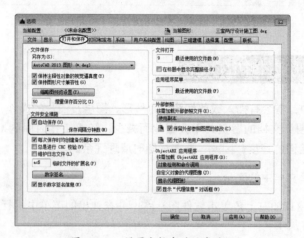

图 2-101　设置文档自动保存时间

Step04 当突然死机或断电关闭 AutoCAD 后，重启 AutoCAD，就会显示如图 2-102 所示的界面。

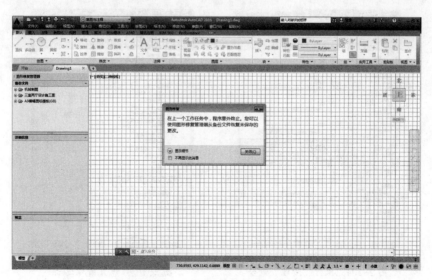

图 2-102　重启 AutoCAD

Step05 关闭窗口中弹出的"图形修复"对话框。然后在左侧"图形修复管理器"中打开上一次工作的文档，继续投入绘图工作，如图 2-103 所示。

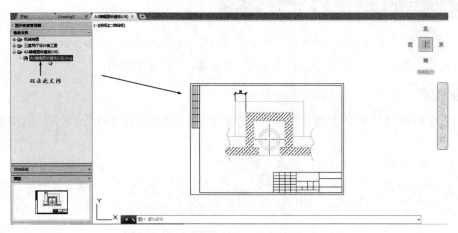

图 2-103　打开图形修复管理器中修复的文件

2.3.6　清理图纸文件中的冗余

在绘制图纸过程中，常会有插入或剪切图块、线形、图层及图片的操作，令人厌恶的是，即使删除这些对象，整个图纸文档的容量并不会因此而减少。随着工作时间的推移，文档存储容量会慢慢增大，进而影响绘图的速度。因此，要养成随时清理冗余的习惯。

动手操作：清理文档中的冗余

Step01 在 AutoCAD 窗口的左上角单击软件图标 ，并在弹出的菜单中执行"图形实用工具"|"清理"命令，如图 2-104 所示。

Step02 随后弹出"清理"对话框。选中"查看能清理的项目"选项，勾选"确认要清理的每个项目"复选框，如图 2-105 所示。

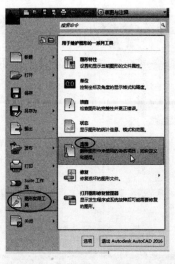

图 2-104　执行"清理"命令

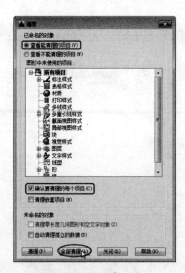

图 2-105　设置清理选项

Step03 单击"全部清理"按钮，即可清理图纸文档中的冗余。

Step04 单击"关闭"按钮结束清理操作。

绘制户型图和平面配置图

室内户型平面图是表示建筑物在水平方向房屋各部分的组合关系，对于单独的室内建筑设计而言，其设计的好坏取决于平面图设计。

平面布置图的绘制需要考虑诸多的人体尺度、空间位置、色彩等方面的因素。在本章中，我们将详细讲解原始户型图、平面布置图的绘制方法及注意事项。

※ 绘制原始户型图
※ 室内摆设图块的画法
※ 各类型空间平面配置范例
※ 室内平面配置图绘制练习

3.1 绘制原始户型图

要制作室内设计图纸，必先懂得建筑剖面图（户型平面图）的形成及绘制方法。建筑剖面图是整个建筑平面的真实写照，用于表现建筑物的平面形状、布局、墙体、柱子、楼梯，以及门窗的位置等，如图 3-1 所示。

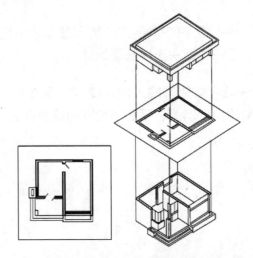

图 3-1　建筑剖面图的形成示意图

一般情况下，房屋有几层就应画几个平面图，并在图的下方标注相应的图名，如"底层平面图""二层平面图"等。图名下方应加一条粗实线，图名右侧标注比例。

3.1.1　原始户型图的绘制规范

在绘制原始户型图时，无论是绘制底层平面图、楼层平面图、大详平面图、屋顶平面图等时，应遵循国家制定的相关规定，使绘制的图形更加符合规范。

1．比例、图名

绘制原始户型的常用比例有 1:50、1:100、1:200 等，而实际工程中则常用 1:100 的比例进行绘制。

平面图下方应注写图名，图名下方应绘制一条短粗实线，右侧应注写比例，比例字高宜比图名的字高些，如图 3-2 所示。

技术要点:

如果几个楼层平面布置相同时，也可以只绘制一个"标准层平面图"，其图名及比例的标注如图 3-3 所示。

三层平面 _{字体高度=5} 1:100 _{字体高度=3}

图 3-2 图名及比例的标注

三至七层平面图 1:100

图 3-3 相同楼层的图名标注

2. 图例

原始户型图由于比例小，各层平面图中的卫生间、楼梯间、门窗等投影难以详尽表示，便采用国标规定的图例来表达，而相应的详尽情况则另用较大比例的详图来表达。

原始户型图的常见图例，如图 3-4 所示。

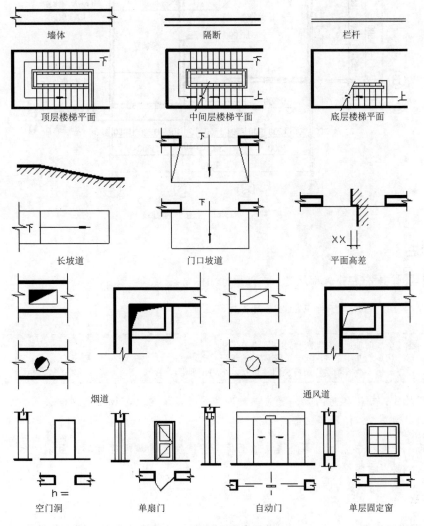

图 3-4 原始户型图常见图例

3．图线

线型比例大致取出图比例倒数的 50% 左右（在 AutoCAD 的模型空间中应按 1:1 进行绘图）。

◆ 用粗实线绘制被剖切到的墙、柱断面轮廓线。

◆ 用中实线或细实线绘制没有剖切到的可见轮廓线（如窗台、梯段等）。

◆ 尺寸线、尺寸界线、索引符号、高程符号等用细实线绘制。

◆ 轴线用细单点长画线绘制。

如图 3-5 所示为原始户型图中的图线表示。

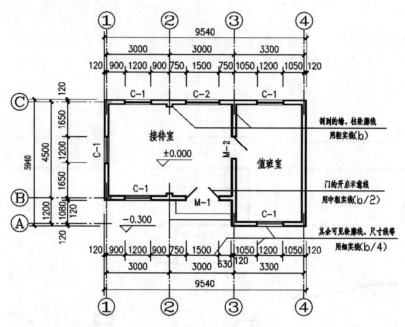

图 3-5　原始户型图中的图线

4．尺寸标注

原始户型图的标注包括外部尺寸、内部尺寸和标高。

◆ 外部尺寸：在水平方向和竖直方向各标注三道。

第一道尺寸：标注房屋的总长、总宽尺寸，称为"总尺寸"。
第二道尺寸：标注房屋的开间、进深尺寸，称为"轴线尺寸"。
第三道尺寸：标注房屋外墙的墙段、门窗洞口等尺寸，称为"细部尺寸"。

◆ 内部尺寸：标出各房间长、宽方向的净空尺寸，墙厚及与轴线之间的关系、柱子截面、房内部门窗洞口、门垛等细部尺寸。

◆ 标高：平面图中应标注不同楼层地面标高房间及室外地坪等标高，且以"米"为单位，精确到小数点后两位。

5．剖切符号

剖切位置线长度宜为 6～10mm，投射方向线应与剖切位置线垂直，画在剖切位置线的同一侧，长度应短于剖切位置线，宜为 4～6mm。为了区分同一形体上的剖面图，在剖切符号上宜用字母或数字，并注写在投射方向线一侧。

6．详图索引符号

图样中的某一局部或构件，如需另见详图，应以索引符号标出。索引符号是由直径为 10mm 的圆和水平直径组成，圆及水平直径均以细实线绘制。详图的位置和编号，应以详图符号表示。详图符号的圆应以直径为 14mm 的粗实线绘制。

7．引出线

引出线应以细实线绘制，宜采用水平方向的直线、与水平方向成 30°、45°、60°、90°的直线，或经上述角度再折为水平线。文字说明宜注写在水平线的上方，也可注写在水平线的端部。

8．指北针

指北针是用来指明建筑物朝向的图形。圆的直径宜为 24mm，用细实线绘制，指针尾部的宽度宜为 3mm，指针头部应标示"北"或 N。需用较大直径绘制指北针时，指针尾部宽度宜为直径的 1/8。

9．高程

高程符号用以细实线绘制的等腰直角三角形表示，其高度控制在 3mm 左右。在模型空间绘图时，等腰直角三角形的高度应是 30mm 乘以出图比例的倒数。

高程符号的尖端指向被标注高程的位置。高程数字写在高程符号的延长线一端，以"米"为单位，注写到小数点后的第 3 位。零点高程应写成 ±0.000，正数高程不用加 +，但负数高程应注上"－"。

10．定位轴线及编号

定位轴线确定房屋主要承重构件（墙、柱、梁）的位置及标注尺寸的基线称为"定位轴线"，如图 3-6 所示。

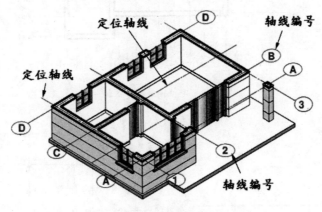

图 3-6　定位轴线

定位轴线用细单点长画线表示。定位轴线的编号注写在轴线端部的直径 8-10mm 的细线圆内。

◆ 横向轴线：从左至右，用阿拉伯数字进行标注。

◆ 纵向轴线：从下向上，用大写拉丁字母进行标注，但不用 I、O、Z 三个字母，以免与阿拉伯数字 1、0、2 混淆。一般承重墙柱及外墙编为主轴线，非承重墙、隔墙等编为附加轴线（又称"分轴线"）。

如图 3-7 所示为定位轴线的编号注写。

图 3-7　定位轴线的编号注写

技术要点：

在定位轴线的编号中，分数形式表示附加轴线编号。其中分子为附加编号；分母为前一轴线编号。1 或 A 轴前的附加轴线分母为 01 或 0A。

为了让读者便于理解，下面用图形来表达定位轴线的编号形式。

定位轴线的分区编号如图 3-8 所示。圆形平面定位轴线编号如图 3-9 所示；折线形平面定位轴线编号如图 3-10 所示。

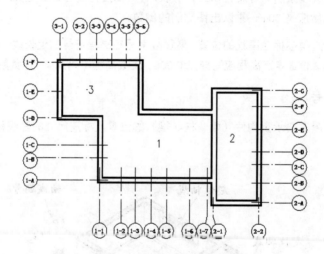

图 3-8　定位轴线的分区编号

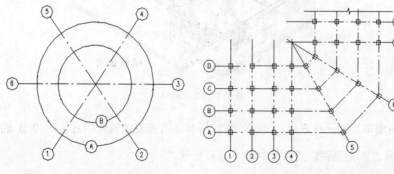

图 3-9　圆形平面定位轴线编号　　　　图 3-10　折线形平面定位轴线编号

3.1.2 绘制某三室两厅原始户型图

如图 3-11 所示为本节要绘制的某商品房户型图。

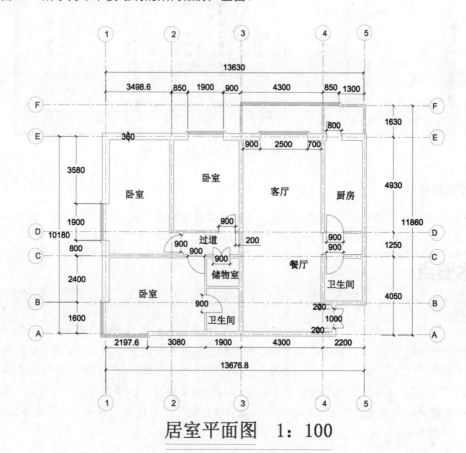

居室平面图 1：100

图 3-11 商品房平面图

本实例的制作思路：依次绘制墙体、门窗和建筑设备，最后进行尺寸标注和文字说明。

在绘制墙体的过程中，首先绘制主墙，然后绘制隔墙，最后进行合并调整；绘制门窗，首先在墙上开出门窗洞，然后在门窗洞上绘制门和窗户；绘制建筑设备，充分利用建筑设备图库中的图例，从而提高绘图效率。对于建筑平面图，尺寸标注和文字说明是一个非常重要的部分，建筑各个部分的具体大小和材料做法等都以尺寸标注、文字说明为依据，在本实例中都充分体现了这一点。

动手操作：绘制原始户型图

1. 设置图层

Step01 单击"图层"面板中的"图层特性管理器"按钮 ，系统弹出"图层特性管理器"对话框。

Step02 在"图层特性管理器"对话框中单击"新建图层"按钮 ，新建"轴线"和"窗"图层，指定图层颜色分别为 115 和洋红色；新建图层"墙体"，指定颜色为红色；新建"门"和"设备"图层，指定颜色为蓝色；新建"标注"和"文字"图层，指定颜色为白色；其他采用默认设置。这样就得到初步的图层设置，如图 3-12 所示。

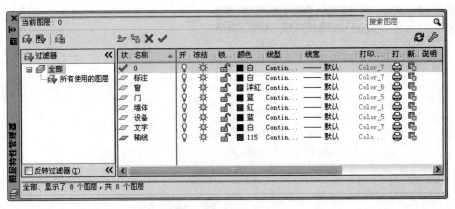

图 3-12   图层设置

2．设置标注样式

Step01 执行菜单栏中的"标注"|"标注样式"命令，系统弹出"标注样式管理器"对话框，如图 3-13 所示。单击"修改"按钮，系统弹出"修改标注样式：ISO-25"对话框。

技术要点：

除了可以修改已有的标注样式以外，用户还可以创建新样式并进行编辑。

Step02 选择"线"选项卡，设定"尺寸线"列表框中的"基线间距"为1，设定"延伸线"列表框中的"超出尺寸线"为1，"起点偏移量"为0；选择"符号和箭头"选项卡，单击"箭头"列表框中的"第一个"后的下拉按钮 ☑，在弹出的下拉列表中选择" ◢ 建筑标记"，单击"第二个"后的下拉按钮 ☑，在弹出的下拉列表中选择" ◢ 建筑标记"，并设定"箭头大小"为2.5，设置结果如图 3-14 所示。

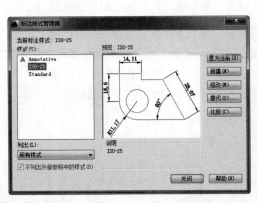

图 3-13   "标注样式管理器"对话框

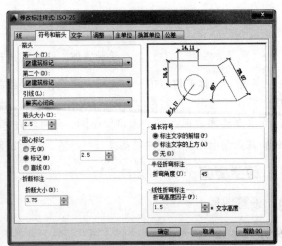

图 3-14   设置"符号和箭头"选项卡

Step03 选择"文字"选项卡，在"文字外观"列表框中设定"文字高度"为2。这样就完成了"文字"选项卡的设置，如图 3-15 所示。

Step04 选择"调整"选项卡，在"调整选项"列表框中选择"箭头"选项，在"文字位置"列表框中选择"尺寸线上方,不带引线"选项,在"标注特征比例"列表框中指定"使用全局比例"为1。这样就完成了"调整"选项卡的设置,结果如图3-16所示。单击"确定"按钮返回"标注样式管理器"对话框,最后单击"关闭"按钮返回绘图区。

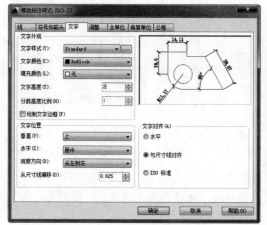

图 3-15　设置"文字"选项卡

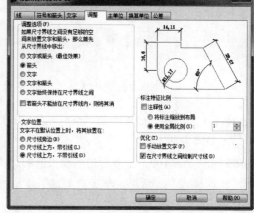

图 3-16　设置"调整"选项卡

3.绘制轴线

Step01 在"图层"下拉列表中选取"轴线"图层,使当前图层为"轴线"。

Step02 单击"绘图"面板中的"构造线"按钮 ∕,在正交模式下绘制一条竖直构造线和水平构造线,组成十字轴线网。

Step03 单击"绘图"面板中的"偏移"按钮 ▣,将水平构造线连续向上偏移1600、2400、1250、4930、1630,得到水平方向的轴线。将竖直构造线连续向右偏移3480、1800、1900、4300、2200,得到竖直方向的轴线。它们和水平辅助线一起构成正交的轴线网,如图3-17所示。

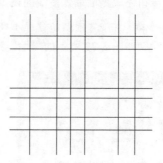

图 3-17　底层建筑轴线网格

4.绘制墙体

Step01 单击"图层"面板中的"图层控制"下拉按钮 ⌄,选取"墙体",使当前图层为"墙体"。

Step02 单击"绘图"面板中的"偏移"按钮 ▣,将轴线向两边偏移180,然后通过"图层"面板把偏移的线条更改到"墙体"图层,得到360mm宽的主墙体位置,如图3-18所示。

Step03 采用同样的方法绘制200宽的主墙体。单击"绘图"面板中的"偏移"按钮 ▣,将轴线向两侧偏移100,然后通过"图层"面板把偏移得到的线条更改到"墙体"图层,绘制结果如图3-19所示。

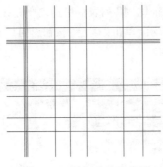

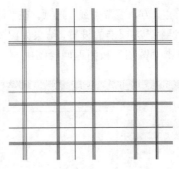

图 3-18　绘制主墙体结果　　　　　图 3-19　绘制主墙体结果

Step04 单击"修改"面板中的"修剪"按钮 ，把墙体交叉处多余的线条修剪掉，使墙体连贯，修剪结果如图 3-20 所示。

Step05 隔墙宽为 100，主要通过多线来绘制。执行菜单栏中的"格式"|"多线样式"命令，系统弹出"多线样式"对话框，单击"新建"按钮，系统弹出"创建新的多线样式"对话框，输入多线名称为 100，如图 3-21 所示。

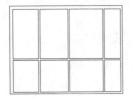

图 3-20　主墙绘制结果　　　　　　图 3-21　"创建新的多线样式"对话框

Step06 单击"继续"按钮，系统弹出"新建多线样式：100"对话框，把其中的图元偏移量设为 50、-50，如图 3-22 所示，单击"确定"按钮，返回"多线样式"对话框，选取多线样式 100，单击"置为当前"按钮，然后单击"确定"按钮完成隔墙墙体多线的设置。

Step07 执行菜单栏中的"绘图"|"多线"命令，根据命令提示设定多线样式为 100，比例为 1，"对正"方式为"无"，根据轴线网格绘制如图 3-23 所示的隔墙。操作如下。

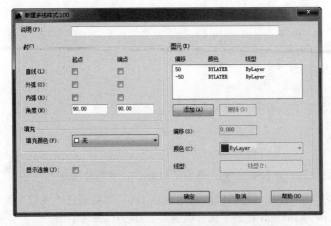
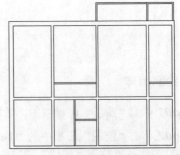

图 3-22　"新建多线样式：100"对话框　　　　图 3-23　隔墙绘制结果

```
命令：mline✓
当前设置：对正 = 上，比例 = 20.00，样式 = 100
指定起点或 [对正(J)/比例(S)/样式(ST)]：st✓
```

```
输入多线样式名或 [?]：　100 ↙
当前设置：对正 = 上，比例 = 20.00，样式 = 100
指定起点或 [对正 (J) / 比例 (S) / 样式 (ST)]：　s ↙
输入多线比例 <20.00>：　1 ↙
当前设置：对正 = 上，比例 = 1.00，样式 = 100
指定起点或 [对正 (J) / 比例 (S) / 样式 (ST)]：　j ↙
输入对正类型 [上 (T) / 无 (Z) / 下 (B)] <上>：　z ↙
当前设置：对正 = 无，比例 = 1.00，样式 = 100
指定起点或 [对正 (J) / 比例 (S) / 样式 (ST)]：（选取起点）
指定下一点：（选取端点）
指定下一点或 [放弃 (U)]：↙
```

5．修改墙体

目前的墙体还不连贯，而且根据功能需要还要进行必要的改造，具体步骤如下。

Step01 单击"绘图"面板中的"偏移"按钮，将右下角的墙体分别向内偏移1600，结果如图 3-24 所示。

Step02 单击"修改"面板中的"修剪"按钮，把墙体交叉处多余的线条修剪掉，使墙体连贯，修剪结果如图 3-25 所示。

Step03 单击"修改"面板中的"延伸"按钮，把右侧的一些墙体延伸到对面的墙线上，如图 3-26 所示。

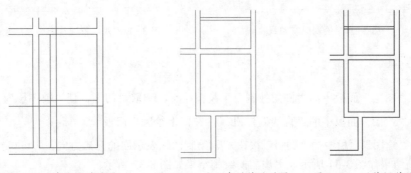

图 3-24　墙体偏移结果　　　图 3-25　右下角的修改结果　　　图 3-26　延伸操作结果

Step04 单击"修改"面板中的"分解"按钮和"修剪"按钮，把墙体交叉处多余的线条修剪掉，使墙体连贯，右侧墙体的修剪结果如图 3-27 所示。其中分解命令操作如下。

```
命令：explode ↙
选择对象：（选取一个项目）
选择对象：↙
```

Step05 采用同样的方法修改整个墙体，使墙体连贯，并符合实际功能需要，修改结果如图 3-28 所示。

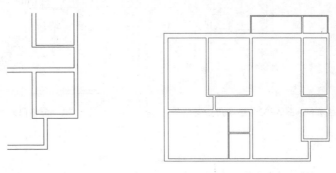

图 3-27　右侧墙体的修改结果　　　　图 3-28　全部墙体的修改结果

6．开窗洞

Step01 单击"绘图"面板中的"直线"按钮 📐，根据门和窗户的具体位置，在对应的墙上绘制出这些门窗的一边。

Step02 单击"修改"面板中的"偏移"按钮 📤，根据各个门和窗户的具体大小，将前边绘制的门窗边界偏移对应的距离，即可得到门窗洞在图上的具体位置，绘制结果如图 3-29 所示。

Step03 单击"修改"面板中的"延伸"按钮 ⫟，将各个门窗洞修剪出来，即可得到全部的门窗洞，绘制结果如图 3-30 所示。

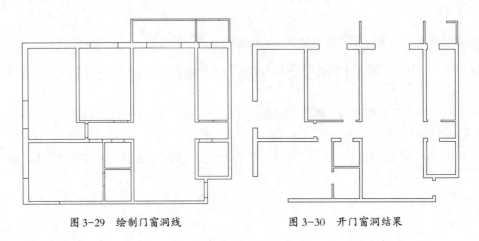

图 3-29　绘制门窗洞线　　　　　　　　图 3-30　开门窗洞结果

7．绘制门

Step01 单击"图层"面板中的"图层控制"下拉按钮 ✓，选取"门"，使当前图层为"门"。

Step02 单击"绘图"面板中的"直线"按钮 📐，在门上绘制出门板线。

Step03 单击"绘图"面板中的"圆弧"按钮 🌙，绘制圆弧表示门的开启方向，即可得到门的图例。双扇门的绘制结果如图 3-31 所示。单扇门的绘制结果如图 3-32 所示。

Step04 继续采用同样的方法绘制所有的门，绘制的结果如图 3-33 所示。

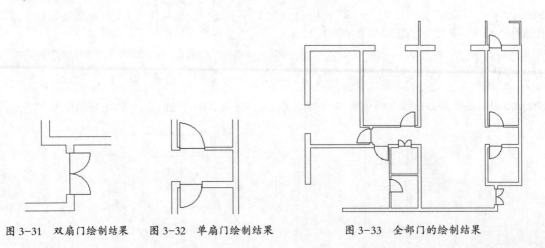

图 3-31　双扇门绘制结果　　图 3-32　单扇门绘制结果　　　　图 3-33　全部门的绘制结果

8．绘制窗

Step01 单击"图层"面板中的"图层控制"下拉按钮 ✓，选取"窗"，使当前图层为"窗"。

Step02 执行菜单栏中的"格式"|"多线样式"命令，新建多线样式名称为150，如图3-34所示。设置图元偏移量分别设为0、50、100、150，其他采用默认设置，设置结果如图3-35所示。

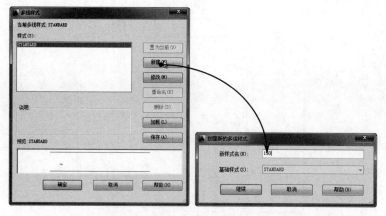

图3-34 "多线样式"对话框和"创建新的多线样式"对话框

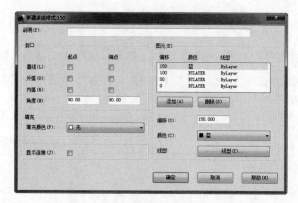

图3-35 "新建多线样式:150"对话框

Step03 单击"绘图"面板中的"矩形"按钮，绘制一个100×100的矩形。然后单击"修改"面板中的"复制"按钮，把该矩形复制到各个窗户的外边角上，作为凸出的窗台，结果如图3-36所示。

Step04 单击"修改"面板中的"修剪"按钮，修剪掉窗台和墙的重合部分，使窗台和墙合并连通，修剪结果如图3-37所示。

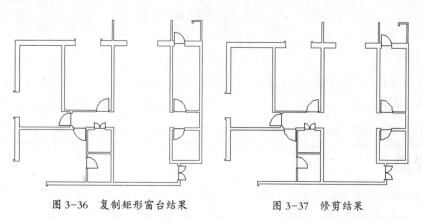

图3-36 复制矩形窗台结果　　　　　　　　图3-37 修剪结果

Step05 执行菜单栏中的"绘图"|"多线"命令，根据命令提示，设定多线样式为150，比例为1，对正方式为"无"，根据各个角点绘制如图3-38所示的窗户。

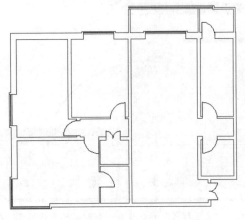

图3-38 绘制窗户结果

9. 文字标注

Step01 单击"图层"面板中的"图层控制"下拉按钮 🔽，选取"文字"，使当前图层为"文字"。

Step02 单击"绘图"面板中的"多行文字"按钮 **A**，在各个房间中间进行文字标注，设定文字高度为300，文字标注结果如图3-39所示。

图3-39 文字标注完成的结果

10. 尺寸标注

Step01 单击"图层"面板中的"图层控制"下拉按钮 🔽，选取"标注"，使当前图层为"标注"。

Step02 执行菜单栏中的"标注"|"对齐"命令，进行尺寸标注，建筑外围标注结果如图3-40所示。

Step03 执行菜单栏中的"标注"|"对齐"命令，进行内部尺寸标注，结果如图3-41所示。

技术要点：

平面图内部的尺寸若无法看清，可以参考本例完成的 AutoCAD 结果文件进行标注。

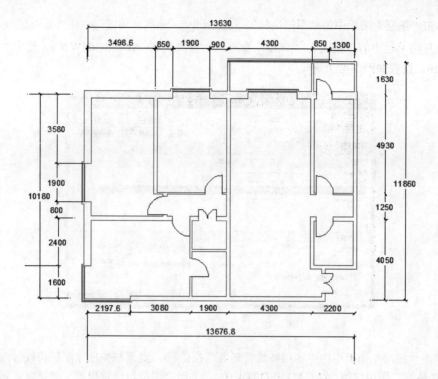

图 3-40 外围尺寸标注结果

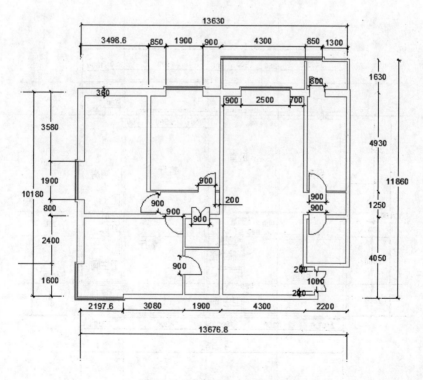

图 3-41 内部的尺寸标注结果

11．轴线编号

要进行轴线间编号，先要绘制轴线，建筑制图上规定使用点划线来绘制轴线。

Step01 单击"图层"面板中的"图层控制"下拉按钮☑，选取"轴线"，使当前图层为"轴线"。

Step02 执行菜单栏中的"格式"|"线型"命令，加载线型 ACAD_ISO04W100，设定"全局比例因子"为 50，设置如图 3-42 所示。

图 3-42 "线型管理器"对话框

Step03 单击"图层"面板中的"图层特性管理器"按钮📇，则系统弹出"图层特性管理器"对话框。修改"轴线"图层线型为 ACAD_ISO04W100，关闭"图层特性管理器"对话框，轴线显示结果如图 3-43 所示。

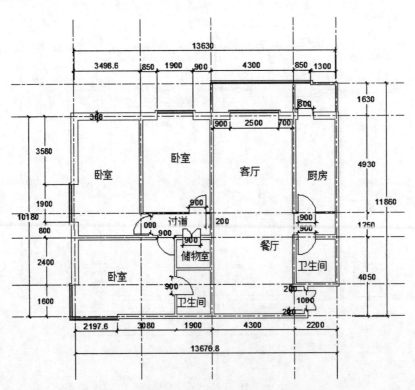

图 3-43 轴线显示结果

Step04 单击"绘图"面板中的"构造线"按钮✓，在尺寸标注的外边绘制构造线，截断轴线然后单击"修改"面板中的"修剪"按钮✄，修剪掉构造线外边的轴线，结果如图 3-44 所示。

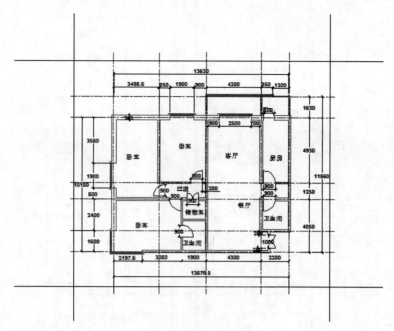

图 3-44　截断轴线结果

Step05 将构造线删除，结果如图 3-45 所示。

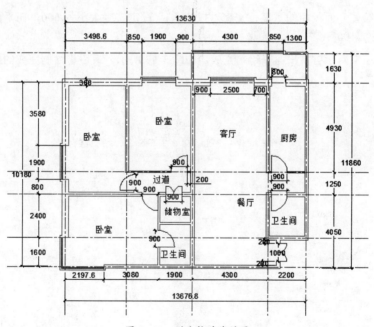

图 3-45　删除构造线结果

Step06 单击"绘图"面板中的"圆"按钮◎，绘制一个半径为 400 的圆。单击"绘图"面板中的"多行文字"按钮**A**，输入文字 A，指定文字高度为 300。单击"修改"面板中的"移动"按钮✥，把文字 A 移动到圆的中心，再将轴线编号移动到轴线端部，这样就能得到一个轴线编号。

Step07 单击"修改"面板中的"复制"按钮🗐，把轴线编号复制到其他各个轴线端部。

Step08 双击轴线编号内的文字，修改轴线编号内的文字，横向使用 1、2、3、4……作为编号，纵向使用 A、B、C、D……作为编号，结果如图 3-46 所示。

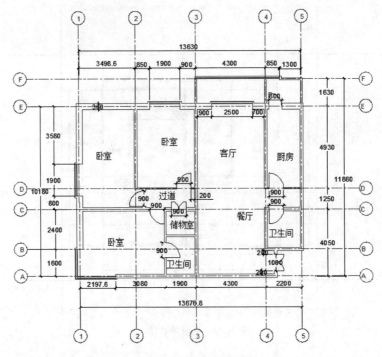

图 3-46　轴线编号结果

Step09 单击"绘图"面板中的"多行文字"按钮 **A**，设定文字大小为 600，在平面图的正下方标注"居室平面图 1:100"。

Step10 至此，三室两厅居室平面图绘制完成，如图 3-47 所示。最后将绘制完成的结果文件保存。

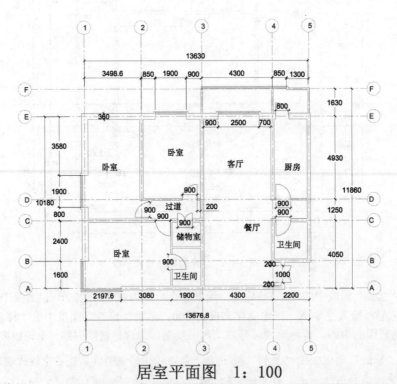

居室平面图　1：100

图 3-47　三室两厅居室平面图

3.2 室内摆设图块的画法

通过本节的练习，大家可以掌握使用BLOCK命令生成内部图块，以及对图块属性定义的方法。

动手操作：绘制床图块

1．绘制床的注意事项

绘制床时须注意（如图3-48所示，图中单位为mm）：

◆ 单人床参考尺寸：1000mm×2000mm。

◆ 双人床参考尺寸：1500mm×2000mm。

◆ QUEEN SIZE 美式双人床参考尺寸：1930mm×2030mm。

◆ KING SIZE 美式双人床参考尺寸：1520mm×2030mm。

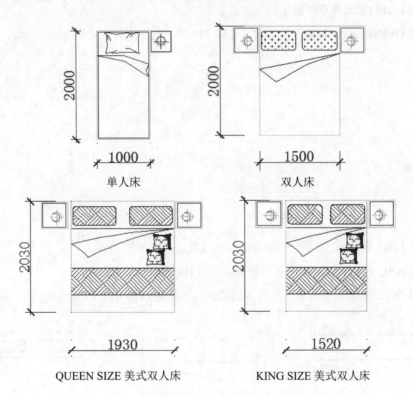

单人床

双人床

QUEEN SIZE 美式双人床　　　　KING SIZE 美式双人床

图 3-48　绘制床的参考尺寸

2．绘制双人床平面图块

室内装饰设计中家具的绘制是一个重要部分，在绘制家具时具体尺寸可以按实际要求确定，其并非固定不变的。其中床的图形是在室内装饰图绘制过程中常用的图形，下面来绘制一个双人床的效果，如图3-49所示。

图 3-49　床的实际效果

Step01 调用 RECTANG 命令，绘制一个大小为 2028×1800 的矩形来表示床的大体形状，如图 3-50 所示。

Step02 调用 EXPLODE 命令，将矩形分解成多个物体。

Step03 调用 OFFSET 命令将矩形顶边向下偏移 280 用于制作床头，如图 3-51 所示。

图 3-50　矩形的绘制　　　　图 3-51　线的偏移

Step04 调用 LINE 和 ARC 命令制作被面的折角效果，如图 3-52 所示。

Step05 调用 ARC 和 CIRCLE 命令制作被面装饰效果，如图 3-53 所示。

Step06 调用 INSERT 命令插入枕头完善床的绘制，如图 3-54 所示。

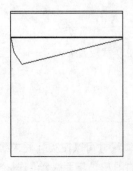
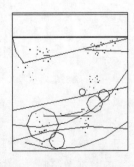
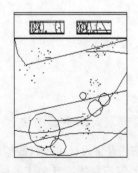

图 3-52　背面折角　　　　图 3-53　增加装饰图案　　　　图 3-54　床的最终效果

Step07 调用 RECTANG 命令绘制 450×400 的矩形。

Step08 调用 OFFSET 命令将矩形向内偏移 18，如图 3-55 所示。

Step09 调用 CIRCLE、LINE 和 OFFSET 命令绘制床头灯，如图 3-56 和图 3-57 所示。

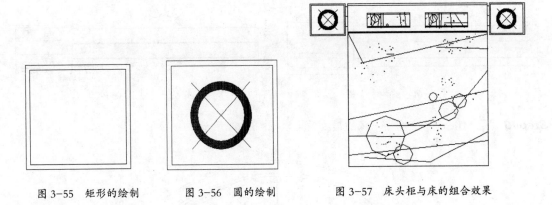

图 3-55　矩形的绘制　　　　图 3-56　圆的绘制　　　　图 3-57　床头柜与床的组合效果

3．绘制双人床立面图块

床的立面效果图主要有两种，主要取决于观看角度，下面介绍另一种观察角度下床的立面图的绘制方法。

Step01 调用 RECTANG 和 LINE 命令绘制床的主体和床腿，如图 3-58 所示。

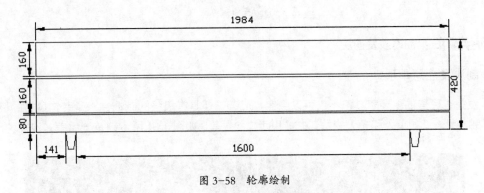

图 3-58　轮廓绘制

Step02 调用 ARC、LINE 和 OFFSET 命令绘制床头，如图 3-59 所示。

Step03 调用 ARC、LINE 和 MIRROR 命令完善床头的绘制，如图 3-60 所示。

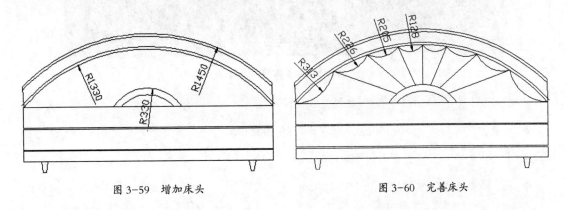

图 3-59　增加床头　　　　　　　　　　　图 3-60　完善床头

Step04 调用 RECTANG 命令在床的一侧绘制床头柜，如图 3-61 所示。

Step05 调用 SPLINE、CIRCLE、PLINE 和 TRIM 命令绘制出床头柜的装饰效果，如图 3-62 所示。

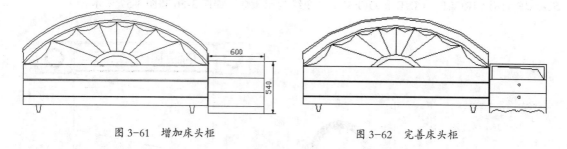

图 3-61　增加床头柜　　　　　　　　　　　图 3-62　完善床头柜

Step06 调用 MIRROR 命令做出床的最终效果，如图 3-63 所示。

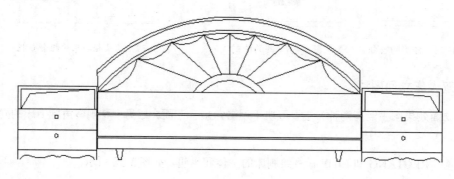

图 3-63　床的最终效果

动手操作：绘制沙发图块

1．绘制沙发注意事项

沙发是客厅里的重要家具，不仅可以会客、喝茶，还具有极强的装饰性，是装饰风格的极强体现，其种类繁多，如单人和多人沙发、中式和西式沙发等，如图 3-64 所示则是一组美式沙发的组合。

图 3-64　沙发的效果图

绘制沙发形状及尺寸时须注意（如图 3-65 所示）。

◆ 一般沙发深度为 ±80~100cm，而深度超过 100cm 多为进口沙发，并不适合东方人体型。

◆ 单人沙发参考尺寸宽度为 ±80~100cm。

◆ 双人沙发参考尺寸宽度为 ±150~200cm。

◆ 三人沙发参考尺寸宽度为 ±240~300cm。

◆ L 型沙发——单座延长深度为 ±160~180cm。

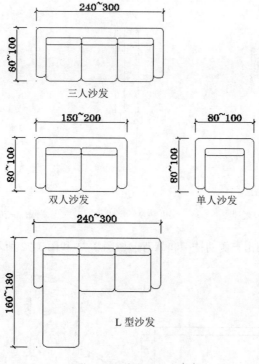

图 3-65 沙发的尺寸参考

2．绘制单人沙发平面图块

平面单人沙发的绘制比较简单，主要是坐垫和扶手的绘制。

Step01 调用 RECTANG 命令绘制一个 600×540 的矩形，并将其更改为梯形。

Step02 调用 OFFSET 命令将矩形向内偏移 50 并倒角，如图 3-66 所示。

Step03 调用 PLINE、OFFSET 和 MIRROR 命令做出沙发的效果，如图 3-67 所示。

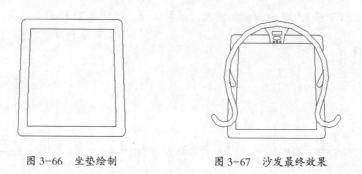

图 3-66 坐垫绘制　　　　图 3-67 沙发最终效果

3．绘制单人沙发立面图块

沙发立面的绘制主要用于客厅剖面图，是剖面客厅布置的一部分，也是非常重要的部分，过程相对复杂，但可以很好地描绘出沙发的具体形状和风格。

Step01 调用 RECTANG 命令绘制两个矩形并将其中一个更改为梯形，如图 3-68 所示。

Step02 调用 RECTANG 命令绘制一个矩形，如图 3-69 所示。

Step03 调用 CIRCLE 命令绘制一个圆并调用 TRIM 命令删除圆内部的线段，如图 3-70 所示。

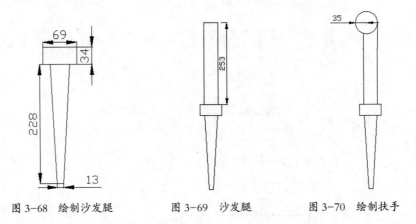

图 3-68 绘制沙发腿　　　　图 3-69 沙发腿　　　　图 3-70 绘制扶手

Step04 调用 ARC 命令绘制出一侧的扶手和靠背，如图 3-71 和图 3-72 所示。

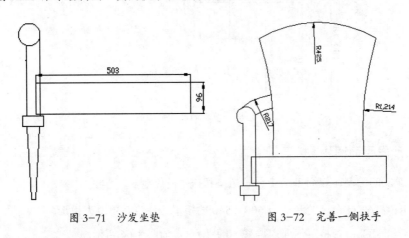

图 3-71 沙发坐垫　　　　　　　图 3-72 完善一侧扶手

Step05 调用 MIRROR 命令绘制出另一侧扶手，如图 3-73 所示。

Step06 调用 SPLINE 命令绘制出坐垫的具体形状并调用 TRIM 命令剪掉多余部分，如图 3-74 所示。

Step07 调用 OFFSET 和 LINE 命令做出沙发的最终效果，如图 3-75 所示。

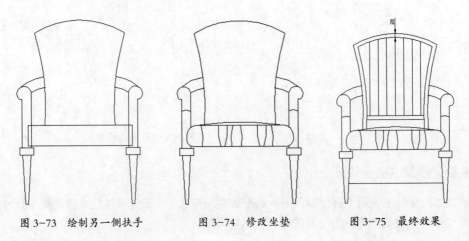

图 3-73 绘制另一侧扶手　　　　图 3-74 修改坐垫　　　　图 3-75 最终效果

动手操作：绘制茶几图块

1. 绘制茶几注意事项

茶几的尺寸有很多，例如有 450mm×600mm、500mm×500mm、900mm×900mm、1200mm×1200mm 等。当客厅的沙发配置确定后，才通过茶几图块按照空间比例大小来调整尺寸并决定形状，这样不会让茶几在配置图上的比例过于失真。

如图 3-76 所示为茶几的几种形状画法。

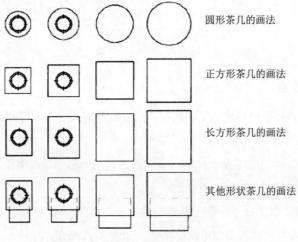

圆形茶几的画法

正方形茶几的画法

长方形茶几的画法

其他形状茶几的画法

图 3-76　茶几的形状画法

茶几主要放置在客厅中两个相近的单人沙发之间及多人沙发前面，中式茶几多为木质的、不透明的；西式的茶几多为玻璃面材质的，透光性较好，如图 3-77 所示为常见茶几在客厅中与沙发的配置关系。

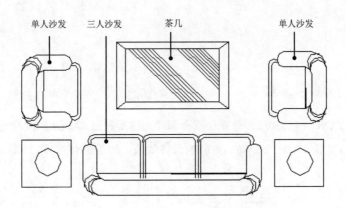

单人沙发　　三人沙发　　　茶几　　　　　　　　单人沙发

图 3-77　茶几与沙发在客厅中的配置关系

2. 绘制茶几平面图块

茶几的平面绘制主要用到矩形和线及倒角命令，相对简单。

Step01 调用 RECTANG 命令绘制 600×600 的正方形。

Step02 调用 OFFSETt 命令向内偏移 114 和 12，如图 3-78 所示。

Step03 在内部矩形四角绘制 4 个半径 30 的圆，如图 3-79 所示。

Step04 调用 TRIM 命令将圆内部的多余线段删除，如图 3-80 所示。

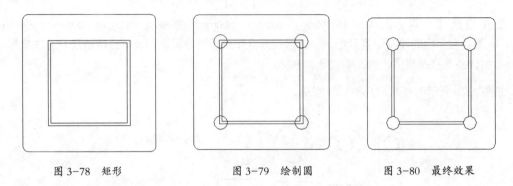

图 3-78　矩形　　　　　　图 3-79　绘制圆　　　　　图 3-80　最终效果

3．茶几立面图块的绘制

　　茶几立面的绘制重点在于桌腿部分，中式和西式各有不同，中式的可能有雕花和镂空，西式多为规则多面体，下面以一个简单的中式茶几为例。

Step01 调用 RECTANG 和 FILRT 命令绘制一个矩形并调整为梯形然后倒角，如图 3-81 所示。

Step02 调用 LINE 命令绘制出桌腿的装饰线。

Step03 调用 LINE 和 FILLET 命令绘制出桌腿的装饰线，如图 3-82 所示。

Step04 调用 CIRCLE 命令在梯形上部绘制一个圆，如图 3-83 所示。

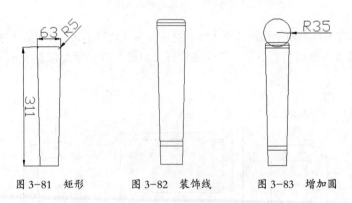

图 3-81　矩形　　　　图 3-82　装饰线　　　　图 3-83　增加圆

Step05 调用 RECTANG 和 CIRCLE 命令在圆上部绘制梯形和圆，如图 3-84 所示。

Step06 调用 FILLET 和 TRIM 命令做出桌腿的最终效果，如图 3-85 所示。

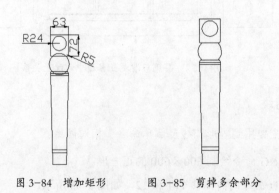

图 3-84　增加矩形　　　图 3-85　剪掉多余部分

Step07 调用 RECTANG 命令绘制桌面，如图 3-86 所示。

Step08 调用 MIRROR 命令绘制出另一侧桌腿，完成茶几立面的绘制，如图 3-87 所示。

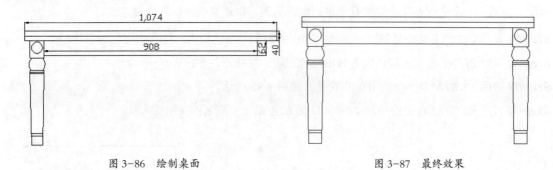

图 3-86　绘制桌面　　　　　　　　　　　　　　　　图 3-87　最终效果

动手操作：绘制地毯图块

地毯使用范围较广，卧室和客厅都可以使用，客厅使用的地毯材质较高档，有规则或不规则的图案，其多布置在沙发中间的茶几下面，如图 3-88 所示。

图 3-88　地毯的效果图

1．简单地毯图块的绘制

简单地毯的绘制多使用矩形命令，过程较简单，主要是矩形命令的应用。

Step01 调用 LINE 命令用虚线绘制 1028×1107 的矩形。

Step02 调用 OFFSET 命令将矩形向内偏移 30，如图 3-89 所示。

Step03 调用 INSERT 命令在矩形内插入一个多边形，如图 3-90 所示。

Step04 调用 MIRROR 命令在矩形中绘制其他多边形，如图 3-91 所示。

  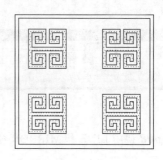

图 3-89　绘制矩形　　　　　图 3-90　插入多边形　　　　　图 3-91　最终效果

2．复杂地毯图块的绘制

复杂地毯的绘制主要烦琐在其图案及边角的绘制，其他部分的绘制方法与简单地毯的绘制方法相同。下面以一个中间有花，边角有毛边的地毯为例，讲述复杂地毯的绘制方法。

Step01 调用 CIRCLE 命令绘制一个半径为 50 的圆。

Step02 调用 PLINE 命令由圆心向外画出几片花瓣形状图形，如图 3-92 所示。

Step03 调用 ARRAY 命令绘制出花朵效果，如图 3-93 所示。

Step04 调用 RECTANG 命令绘制 1800×1800 的矩形，如图 3-94 所示。

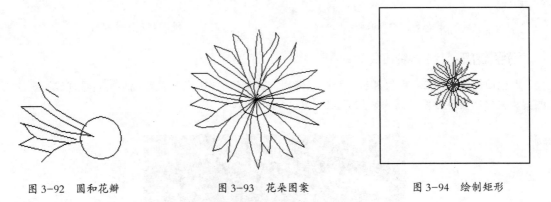

图 3-92　圆和花瓣　　　　图 3-93　花朵图案　　　　图 3-94　绘制矩形

Step05 调用 SPLINE 和 CIRCLE 命令绘制出矩形内的装饰效果，如图 3-95 所示。

Step06 调用 RECTANG 和 LINE 命令在外侧绘制矩形，如图 3-96 所示。

Step07 调用 HATCH 命令对图形进行填充，填充参数如图 3-97 所示，效果如图 3-98 所示。

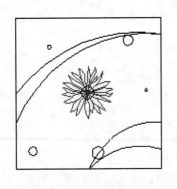 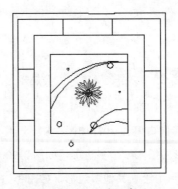 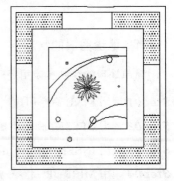

图 3-95　绘制装饰线　　　　图 3-96　绘制外轮廓　　　　图 3-97　填充

图 3-98　参数设置

Step08 调用 LINE 和 MIRROR 命令做出周边装饰效果，如图 3-99 所示。

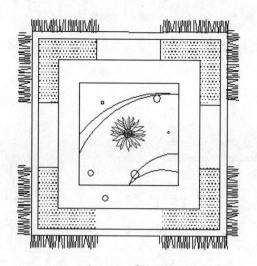

图 3-99 最终效果

动手操作：绘制装饰性植物图块

装饰性植物的添加可以使房间充满活力和生机，而不显单调，其绘制方法也较为简单，一般主要由植物和花瓶或花盆构成，绘制过程主要调用多段线命令，如图 3-100 所示。

图 3-100 干枝装饰物

Step01 调用 SPLINE 命令绘制花瓶的一半，如图 3-101 所示。

Step02 调用 MIRROR 命令绘制出花瓶的另一半，如图 3-102 所示。

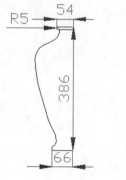

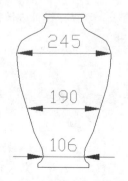

图 3-101 绘制半个花瓶　　　　图 3-102 复制成整个花瓶

Step03 调用 LINE 命令绘制花瓶的花纹，如图 3-103 所示。

Step04 调用 SPLINE 命令绘制花瓶内插着干枝的效果，如图 3-104 所示。

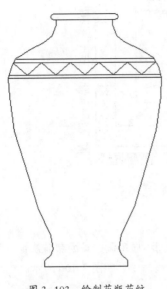
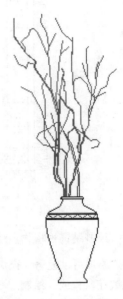

图 3-103　绘制花瓶花纹　　　　　　　图 3-104　绘制干枝

3.3　各类型空间平面配置范例

在进行住宅室内装修设计时，应根据不同的功能空间需求进行相应的设计，但必须符合相关的人体尺度要求，下面就针对住宅中主要的空间设计要点进行讲解。

3.3.1　玄关配置范例

玄关，原义指大门，现多指进入户内的入口空间。

玄关是一个家的第一眼，所以设计成什么样完全取决于设计师的想象，但无论是装饰性的还是收纳实用型的都必须用心。

1. 玄关设计要点

在设计玄关时，可参考以下几个要点。

◆ 间隔和私密性：之所以要在进门处设置"玄关对景"，其最大的作用就是遮挡人们的视线，不至于开门见厅，让人们一进门就对客厅的情形一览无余。这种遮蔽并不是完全的遮挡，而要有一定的通透性。同时注重人们户内行为的私密性及隐蔽性，如图 3-105 所示为几种具有间隔和私密性特点的玄关设计。

图 3-105 玄关的间隔和私密性

◆ 实用和保洁：玄关同室内其他空间一样，也有其使用功能，就是供人们进出家门时，在这里更衣、换鞋，以及整理装束等，如图 3-106 所示。

图 3-106 玄关必须实用和保洁

◆ 风格与情调：玄关的装修设计，浓缩了整个设计的风格和情调，如图 3-107 所示为几种风格的玄关设计。

地中海风格   简约风格   中式风格

图 3-107 玄关风格

◆ 装修和家具：玄关地面的装修，采用的都是耐磨、易清洗的材料。墙壁的装饰材料，一般都和客厅墙壁统一。顶部要做一个小型的吊顶。玄关中的家具应包括鞋柜、衣帽柜、镜子、小坐凳等，玄关中的家具要与居室的整体风格相匹配，如图 3-108 所示。

图 3-108　玄关装修风格的一致性

◆ 采光和照明：玄关处的照度要亮一些，以免给人晦暗、阴沉的感觉。对于狭长型的玄关都有通病，那就是玄关采光不足，它会给家庭成员带来很多不便。解决方法就是使用灯饰和光管照明，令玄关更为明亮；或者通过改造空间格局，让自然光线照进玄关，如图 3-109 所示。

图 3-109　玄关的采光和照明

◆ 材料选择：一般玄关中常采用的材料主要有木材、夹板贴面、雕塑玻璃、喷砂彩绘玻璃、镶嵌玻璃、玻璃砖、镜屏、不锈钢、花岗石、塑胶饰面材、壁毯、壁纸等，如图 3-110 所示。

图 3-110　玄关的材料选择

2．玄关的家具摆设

家具布置有以下 3 种方式。

◆ 设一半高的搁架作为鞋柜，并储藏部分物品，衣物可直接挂在外面，许多现有的住宅玄关面积较小，多采用此种做法，南方地区也多采用这种做法。

◆ 设置一通高的柜子兼作为衣柜、鞋柜与杂物柜，这样，较易保持玄关的整洁、有序，但这要求玄关区要有较大的空间。

◆ 在入口旁单独设立衣帽间。有些家庭把更衣功能从玄关中分离出来，改造入口附近的房间为单独的更衣室，这样增大了此空间的面积。这多是住宅设计中玄关区没有足够的面积而后期改造的方法。

3．玄关设计尺寸

玄关的宽度最好保证在 1.5m 以上，建议取 1.6 ～ 2.4m 入口的通道，最好不要与入户后更换衣物的空间重合。若不能避免，则之间应留一个人更换衣物的最小尺度空间。一般不小于 0.7 ～ 1m。玄关不宜小于 2m^2，如图 3-111 所示。

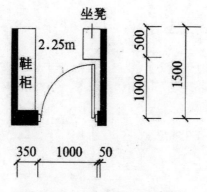

图 3-111　玄关的面积尺寸参考

当鞋柜、衣柜需要布置在户门一侧时，要确保门侧墙垛有一定的宽度，摆放鞋柜时，墙垛净宽度不宜小于 400mm；摆放衣柜时，则不宜小于 650mm，如图 3-112 所示。

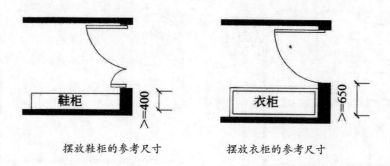

摆放鞋柜的参考尺寸　　　　摆放衣柜的参考尺寸

图 3-112　门侧墙垛尺寸参考

3.3.2　客厅与餐厅配置范例

客厅是家人欢聚、共享生活情趣的空间，亦是家中会友待客的社交场所，可以看作一个家庭的"脸面"，客人可以从这里体会主人的热情和周到，了解主人的品位、性情，因此，客厅有着举足轻重的地位，客厅装修是家居装修的重中之重。

1. 客厅的配置

客厅的配置是室内设计的重点，也是使用最频繁的公共空间，而配置上无须重点考虑的是客厅的使用面积及动线。客厅配置的对象主要有单人沙发、双人沙发、三人沙发、L形沙发、沙发组、茶几、脚凳等，这些配置让客厅的空间极富变化性。

客厅的布置需注意以下几点。

(1) 行走动线宽度（沙发与茶几的间距）约为 450～600mm，而沙发与沙发转角的间距为 200mm，如图 3-113 所示。

(2) 沙发的中心点尽量与电视柜的中心点对齐，如图 3-114 所示。

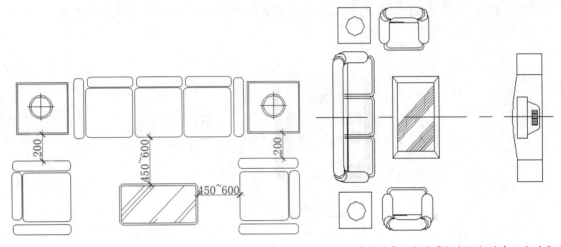

图 3-113　行走动线宽度　　　　　图 3-114　沙发的中心点尽量与电视柜的中心点对齐

(3) 配置沙发组图块时，不一定将图块摆放成水平和垂直状态，否则会让客厅显得比较单板，此时可将单人沙发图块旋转 25°、35°、45°，以此使整体配置显得较为活泼，如图 3-115 所示。

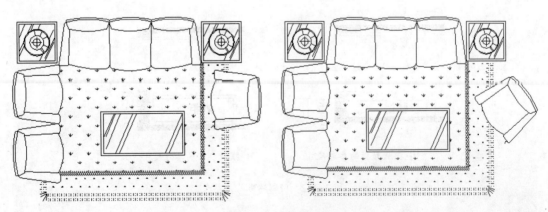

图 3-115　沙发的配置

(4) 客厅的配置可与另一空间结合，可使用开放性、半开放性、穿透性的处理手法，这些方法可让客厅空间拓展性更大。客厅与其他空间组合的配置主要包括以下几种情况。

◆ 客厅与阅读区的有效结合，让空间更有机动性，如图 3-116 所示。

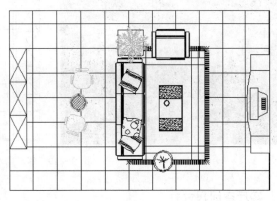

图3-116 客厅与阅读区结合

◆ 客厅与开放书房结合，给空间以多样化，合理使用了有效空间，互动性增强，如图3-117所示。

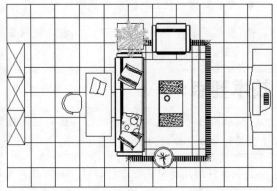

图3-117 客厅与书房融为一体

◆ 客厅与餐厅巧妙结合，除了更为合理地利用格局，同时也让用餐和休息变得更加顺畅，如图3-118所示。

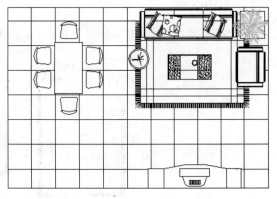

图3-118 客厅与餐厅巧妙结合

◆ 客厅与吧台区的结合，比较适合用于好客的居住者使用，如图3-119所示。

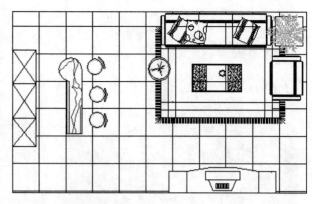

图 3-119　客厅与吧台区的结合

2．客厅空间尺寸

在不同平面布局的套型中，起居室面积的变化幅度较大。其设置方式大致有两种情况：相对独立的起居室和与餐厅合而为一的起居室。在一般的两室户、三室户的套型中，其面积指标如下。

◆ 起居室相对独立时，起居室的使用面积一般在 $15m^2$ 以上。

◆ 当起居室与餐厅合为一时，二者的使用面积控制在 $20 \sim 25m^2$；或共同占套内使用面积的 $25\% \sim 30\%$ 为宜。

技术要点：

起居室的面积标准在我国现行《住宅设计规范》中规定最低面积为 $12m^2$，我国《城市示范小区设计导则》建议为 $18 \sim 25m^2$。

起居室开间尺寸呈现一定的弹性，有在小户型中满足基本功能的面宽为 3600mm 小开间"迷你型"起居室，也有大户型中追求气派的面宽为 6000mm 大开间的"舒适型"起居室（如图 3-120 所示）。

◆ 常用尺寸：一般来讲，$110 \sim 150m^2$ 的三室两厅套型设计中，较为常见和普遍使用的起居面宽为 $4200 \sim 4500mm$。

◆ 经济尺寸：当用地面宽条件或单套总面积受到某些原因的限制时，可以适当压缩起居面宽至 3600mm。

◆ 舒适尺寸：在追求舒适的豪华套型中，其面宽可以达到 6000mm 以上。

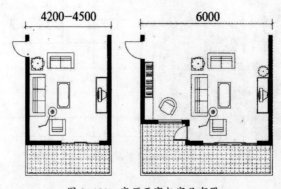

图 3-120　客厅面宽与家具布置

◆ 起居室的家具一般沿两条相对的内墙布置，设计时要尽量避免开向起居室的门过多，应尽可能提供足够长度的连续墙面，供家具"依靠"(我国《住宅设计规范》规定起居室内布置家具的墙面直线长度应大于 3000mm)；如若不得不开门，则尽量相对集中布置，如图 3-121 所示。

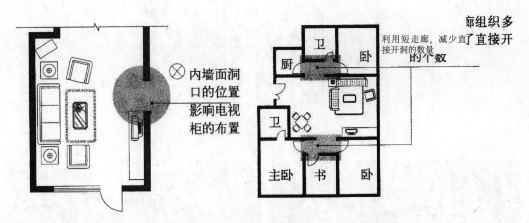

图 3-121 内墙面长度与门的位置对家具摆放的影响

3．餐厅的设计尺寸

餐厅的设计依据《住宅设计规范》：最小面积 $\geqslant 5m^2$，短边净尺寸 $\geqslant 2100m$。

3～4 人就餐，开间净尺寸不宜小于 2700mm，使用面积不要小于 $10m^2$，如图 3-122 所示。

6～8 人就餐，开间净尺寸不宜小于 3000mm，使用面积不要小于 $12m^2$，如图 3-123 所示。

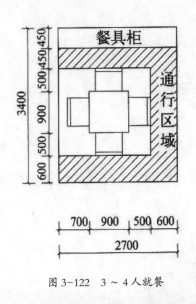

图 3-122 3～4 人就餐

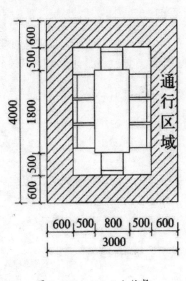

图 3-123 6～8 人就餐

3.3.3 主卧室与次卧室配置范例

卧室在套型中扮演着十分重要的角色。一般人的一生中近 1/3 的时间处于睡眠状态，拥有一个温馨、舒适的卧室是不少人追求的目标。卧室可分为主卧室和次卧室，其效果图如图 3-124 所示。

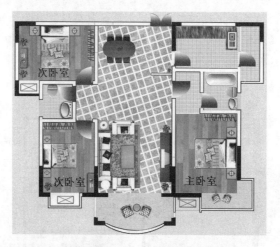

图 3-124　主卧室和次卧室效果图

1．卧室设计要点

卧室应有直接采光、自然通风。因此，住宅设计应千方百计地将外墙让给卧室，保证卧室与室外自然环境有必要的直接联系，如采光、通风和景观等。

卧室空间尺度比例要恰当。一般开间与进深之比不要大于 1:2。

2．主卧室的家具布置

(1) 床的布置

床作为卧室中最主要的家具，双人床应居中布置，满足两人不同方向上下床的方便及铺设、整理床褥的需要，如图 3-125 所示。

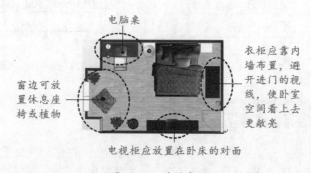

电脑桌

衣柜应靠内墙布置，避开进门的视线，使卧室空间看上去更敞亮

窗边可放置休息座椅或植物

电视柜应放置在卧床的对面

图 3-125　床的布置

(2) 床周边的活动尺寸

床的边缘与墙或其他障碍物之间的通行距离不宜小于 500mm；考虑到方便两边上下床、整理被褥、开拉门取物等动作，该距离最好不要小于 600mm；当照顾到穿衣动作的完成时，如弯腰、伸臂等，其距离应保持在 900mm 以上，如图 3-126 所示。

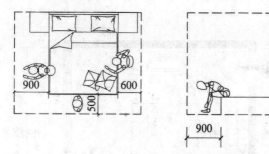

图 3-126 床边缘与其他障碍物间的距离

(3) 其他使用和生活习惯上的要求

◆ 床不要正对门布置，以免影响私密性，如图 3-127 所示。

◆ 床不宜紧靠窗摆放，以免妨碍开关窗和窗帘的设置，如图 3-128 所示。

◆ 寒冷地区不要将床头正对窗放置，以免夜晚着凉，如图 3-129 所示。

图 3-127 影响私密性的布置　　　图 3-128 不宜靠窗布置床　　　图 3-129 床不能正对床布置

3．主卧室的尺寸

(1) 面积

一般情况下，双人卧室的使用面积不应小于 12m²。

在一般常见的"两一三"室户中，主卧室的使用面积适宜控制在 15 ～ 20m² 范围内。过大的卧室往往存在空间空旷、缺乏亲切感、私密性较差等问题，此外还存在能耗高的缺点。

(2) 开间

不少住户有躺在床上边休息边看电视的习惯，常见主卧室在床的对面放置电视柜，这种布置方式，造成对主卧开间的最大制约。

主卧室开间净尺寸可参考以下内容确定（如图 3-130 所示）。

◆ 双人床长度 (2000 ～ 2300mm)。

◆ 电视柜或低柜宽度 (600mm)。

◆ 通行宽度 (600mm 以上)。

◆ 两边踢脚宽度和电视后插头凸出等引起的家具摆放缝隙所占宽度 (100 ～ 150mm)。

◆ 因面宽时，一般不宜小于 3300mm。设计为 3600 ～ 3900mm 时较为合适。

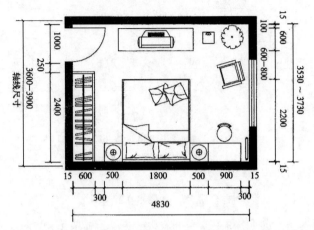

图中 15mm 为装修踢脚线高度，100mm 为电视柜距离墙面的距离

图 3-130　主卧室的平面布置尺寸

4. 次卧室的家具布置与设计尺寸

次卧室为住户非主人使用的卧室，它的最低"适用"开间中到中尺寸（中轴线到中轴线）是 3.3m（净 3.0m），进深中到中尺寸（中轴线到中轴线）是 4.5m（净 4.2m），如图 3-131 所示。

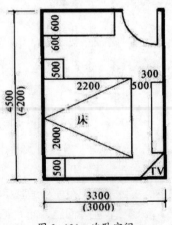

图 3-131　次卧空间

这里讲的是最低"适用"要求，因为小于这个尺寸就会给家具布置和人的活动带来不便，也就是说小于这个尺寸的房间就不应设计为卧室，而应设计为书房、儿童房、保姆房等功能房间。若户型面积比较大或很大，次卧室也可以提高到主卧的标准。

下面介绍次卧作为子女用房的家具布置情况。子女用房中应包含的家具、设备类型，有单人床、书桌、计算机、休闲椅、边桌、书柜、座椅、衣柜等。

对于青少年来说，他们的房间既是卧室，也是书房，同时还充当客厅，接待来访的同学、朋友。因此家具布置可以分区布置：睡眠区、学习区、休息区和储物区，如图 3-132 所示。

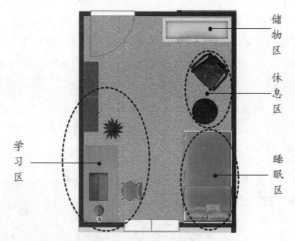

图 3-132　子女房的家具布置示意图

设计次卧室时应注意如下尺寸（如图 3-133 所示）。

◆ 次卧室功能具有多样性，设计时要充分考虑多种家具的组合方式和布置形式，一般认为次卧室房间的面宽不要小于 2700mm，面积不宜小于 $10m^2$。

◆ 当次卧室用作老年人房间，尤其是两位老年人共同居住时，房间面积应适当扩大，面宽不宜小于 3300mm，面积不宜小于 $13m^2$。

◆ 当考虑到轮椅的使用情况时，次卧室面宽不宜小于 3600mm。

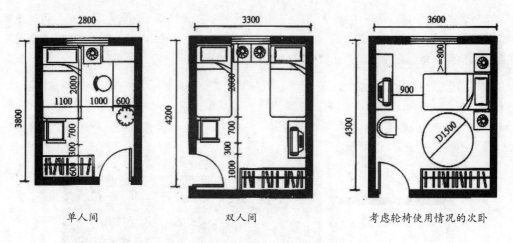

| 单人间 | 双人间 | 考虑轮椅使用情况的次卧 |

图 3-133　不同功能的次卧设计尺寸

3.3.4　厨房配置范例

市场调研表明，近几年居住者希望扩大厨房面积的需求依然较强烈。目前新建住宅厨房已从过去的平均 5 ～ $6m^2$ 扩大到 7 ～ $8m^2$，但从使用角度来讲，厨房面积不应一味扩大，面积过大、厨具安排不当，会影响到厨房操作的工作效率。

厨房的常见配置有下列 5 种。

1．一字形厨房

一字形厨房的平面布局即只在厨房空间的一侧墙壁上布置家具设备，一般情况下水池置于中间，冰箱和炉灶分布在两侧。这种类型厨房工作流程完全在一条直线上进行，就难免使三点之间的工作互相干扰，尤其是多人同时进行操作时。因此，三点间的科学站位，就成为厨房工作顺利进行的保证。

一字形厨房在布置时，冰箱和炉灶之间的距离应控制在 2.4～3.6m，若距离小于 2.4m，橱柜的储藏空间和操作台会很狭窄；距离过长，则会增加厨房工作时往返的路程，使人疲劳从而降低工作效率，如图 3-134 所示。

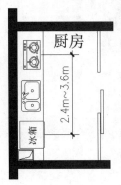

图 3-134　一字形厨房

2．二字形厨房（双列型厨房）

二字形厨房（双列型厨房）的布局即是在厨房空间相对的两面墙壁布置家具设备，可以重复利用厨房的走道空间，提高空间的利用率。二字形厨房可以排成一个非常有效的"工作三角区"，通常是将水池和冰箱组合在一起，而将炉灶设置在相对的墙上。

此种布局形式下，水池和炉灶之间的往返最频繁，距离在 1.2～1.8m 较为合理，冰箱与炉灶间净宽应在 1.2～2.1m。同时人体工程专家建议，双列型厨房空间净宽应不小于 2.1m。最好在 2.2～2.4m，这样的格局适用于空间狭长的厨房，可容纳多人同时操作，但分开的两个工作区仍会给操作带来不便，如图 3-135 所示。

图 3-135　二字形厨房

3．L形厨房

L形厨房的布局是沿厨房相邻的两边布置家具设备，这种布置方式比较灵活，橱柜的储藏量比较大，既方便使用又能在一定程度上节省空间。

这种布置方式动线短，是很有效率的厨房设计方式。为了保证"工作三角区"在有效的范围内，L形的较短边长不宜小于 1.7m，较长一边在 2.8m 左右，水池和炉灶间的距离在 1.2～1.8m，冰箱与炉灶距离应在 1.2～2.7m，冰箱与水池距离在 1.2～2.1m，如图 3-136 所示。

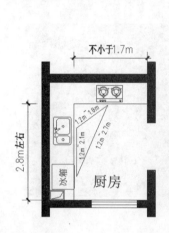

图 3-136　L 形厨房

同时也应满足人体的活动要求，水槽与转角间应留出 30cm 的活动空间，以配合使用者操作上的需要。但是也可能由于工作三角形的一边与厨房过道交合产生一些干扰。

4．U形厨房

U形厨房的布局即是厨房的三边墙面均布置家具设备，这种布置方式操作面长，储藏空间充足，空间充分利用，设计布置也较为灵活，基本汇集双列型和L形布局的优点。

水池置于厨房的顶端，冰箱和炉灶分设在其两翼。U形厨房最大的特点在于厨房空间工作流线与其他空间的交通可以完全分开，避免了厨房内其他空间之间的相互干扰，如甲在水池旁进行清洗的时候，绝对不会阻碍乙在橱柜里取物品。U形厨房"工作三角区"的三边宜设计成一个三角形，这样的布局动线简洁、方便，而且距离最短。U形相对两边内两侧之间的距离应在 1.2～1.5m 之间，使之符合"省时、省力工作三角区"的要求，如图 3-137 所示。

图 3-137　U 形厨房

5．岛型厨房

岛型厨房是沿着厨房四周设立橱柜，并在厨房的中央设置一个单独的工作中心，人的厨房操作活动围绕这个"岛"进行。这种布置方式适合多人参与厨房工作，创造活跃的厨房氛围，增进家人之间的感情交流，由于各个家庭对于"岛"内的设置各异，如纯粹作为一个料理台或在上面设置炉灶和水池，使得"工作三角区"变得不固定。但是仍然要遵循一些原则，使工作能够顺利进行。无论是单独的操作岛还是与餐桌相连的岛，边长不得超过2.7m，岛与橱柜中间至少间隔0.9m，如图3-138所示。

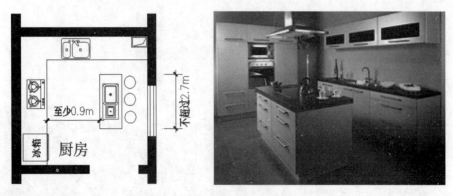

图3-138　L形＋岛型台厨房

3.3.5　卫生间配置范例

卫生间设计时应注意保持良好的自然采光与通风。无自然通风的卫生间应采取有效的通风换气措施。在实际工程设计中，往往将自然通风与机械排风结合起来，以提高使用的舒适性。

卫生间的地面应设置地漏并具有可靠的排水、防水措施，地面装饰材料应具有良好的防滑性能，同时易于清洁，卫生间门口处应有防止积水外溢的措施。墙面和吊顶能够防潮，维护结构采用隔声能力较强的材料，如图3-139所示为卫生间效果图。

图3-139　卫生间装修效果图

1．卫生间设计要求

设计中要考虑以下要求。

◆ 有适当的面积，满足设备设施的功能和使用要求；设备、设施的布置及尺度，要符合人体工程学的要求；创造良好的室内环境的要求。设计基本上以方便、安全、私密、易于清理为主。

◆ 厕所、盥洗室、浴室不应直接设置在餐厅、食品加工或贮存、电气设备用房等有严格卫生要求或防潮要求的用房上层。

◆ 男女厕所宜相邻或靠近布置，以便于寻找，以及上下水管道、排风管道的集中布置，同时应注意避免视线的相互干扰。

◆ 卫生间宜设置前室，无前室的卫生间外门不宜同办公、居住等房门相对。

◆ 卫生间外门应保持经常关闭状态，通常在门上设弹簧门、闭门器等。

◆ 清洁间宜靠近卫生间单独设置。清洁间内设置拖布池、拖布挂钩和清洁用具存放的搁架。

◆ 卫生间内应设洗手台或者洗手盆，配置镜子、手纸盒、烘手器、衣钩等设施。

◆ 公用卫生间各类卫生设备的数量需按总人数和男女比例进行配置，并应符合相关建筑设计规范的规定。其中，小便槽按 0.65m 长度来换算成一件设备；盥洗槽按 0.7m 长度换算成一件设备。

◆ 卫生间地面标高应略低于走道标高，门口处高差一般约为 10mm，地面排水坡度不小于 5‰。

◆ 有水直接冲刷的部位 (如小便槽处) 和浴室内墙面应具备防水性能。

厕所、浴室隔间的最小尺寸如图 3-140 所示。隔断高度为：厕所隔断高 1.5 ～ 1.8m，淋浴、盆浴隔断高 1.8m。

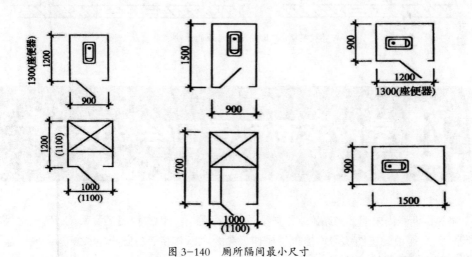

图 3-140　厕所隔间最小尺寸

2．卫生间设计尺寸

卫生设备间距应符合下列规定 (如图 3-141 所示)。

◆ 洗脸盆或盥洗槽水嘴中心与侧墙面净距不宜小于 550mm。

◆ 并列洗脸盆或盥洗槽水嘴中心间距不应小于 700mm。

◆ 单侧并列洗脸盆或盥洗槽外沿至对面墙的净距不应小于 1250mm。

◆ 双侧并列洗脸盆或盥洗槽外沿之间的净距不应小于 1800mm。

卫生设备间距规定依据以下几个尺度。

◆ 供一个人通过的宽度为 550mm。

◆ 供一个人洗脸左右所需尺寸为 700mm。

◆ 前后所需尺寸（离盆边）为 550mm。

◆ 供一个人捧一只洗脸盆将两肘收紧所需尺寸为 700mm；隔间小门的宽度为 600mm。

各款规定依据如下。

◆ 考虑靠侧墙的洗脸盆旁留有下水管位置，或靠墙活动无障碍距离。

◆ 弯腰洗脸左右尺寸所需。

◆ 一人弯腰洗脸，一人捧洗脸盆通过所需。

◆ 二人弯腰洗脸，一人捧洗脸盆通过所需。

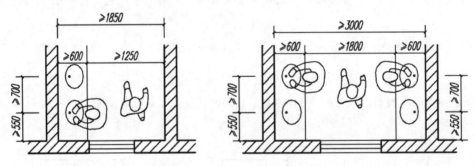

图 3-141　卫生设备间距的最小尺寸

3.4 室内平面配置图绘制练习

　　本节将提供两张尚未配置的原始平面户型图供大家练习，为户型图配置家具、填充地板材质、标注图纸。两个平面配置图练习均提供了操作视频为大家作参考，鉴于本章篇幅所限，详细的图文操作过程笔者就不作笔述了。

1. 绘制某三居室室内平面布置图

　　本案例设计中更多考虑了业主的需要，以简约、高雅、实用的格调展开设计，平面配置效果图 3-142 所示。

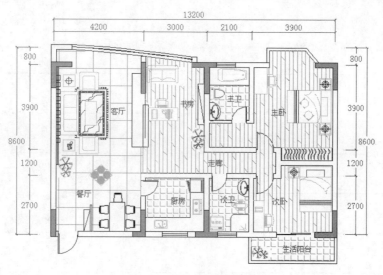

图 3-142 平面配置效果图

> **注意：**
>
> 创建室内装饰图形的过程中，主要绘制鞋柜、电视地台和沙发背景墙等简单图形，一些较复杂的对象，可以使用"插入"命令插入收集的素材。

2．绘制三室二厅户型平面布置图

通过绘制如图 3-143 所示的室内平面布置图，主要学习室内用具的快速布置方法和布置技巧。

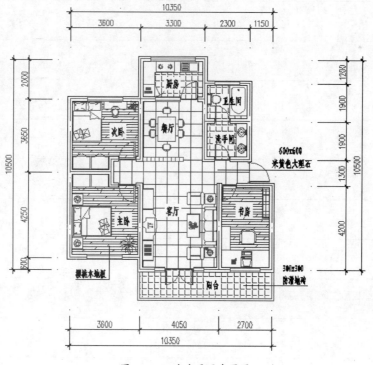

图 3-143 室内平面布置图

4 吊顶装修设计与制图

本章将重点讲解室内装饰施工设计的表现——顶棚平面图的相关理论及制图知识。室内装饰施工图术语建筑装饰设计范围，在图样标题栏的图别中简称"装施"或"饰施"。

　※　吊顶装修知识
　※　顶棚平面图绘制要点
　※　某服饰店顶棚平面图绘制练习

4.1 吊顶装修知识

顶棚设计，在建筑装饰行业中称为"吊顶"，它是室内空间的主要界面，其设计必须满足功能要求、艺术要求、经济性和整体性要求。

"吊顶"对大多数人来说再熟悉不过了，下面介绍一些吊顶装修中的基本知识。

4.1.1 吊顶的装修种类

吊顶一般有平板吊顶、局部吊顶、藻井式吊顶等类型。

1．平板吊顶

平板吊顶一般以 PVC 板、石膏板、矿棉吸音板、玻璃纤维板、玻璃等为材料，照明灯卧于顶部平面之内或吸于顶上，房间顶一般安排在卫生间、厨房、阳台和玄关等部位，如图 4-1 所示。

平板吊顶的构造做法是在楼板底下直接铺设固定龙骨（龙骨间距根据装饰板规格确定），固定装饰板主要用于装饰要求较高的建筑，如图 4-2 所示。

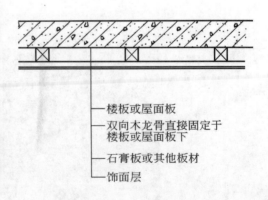

　　楼板或屋面板
　　双向木龙骨直接固定于
　　楼板或屋面板下
　　石膏板或其他板材
　　饰面层

图 4-1　平板吊顶效果图　　　　　　　　图 4-2　平板吊顶的构造图

2．局部吊顶

局部吊顶是为了避免居室的顶部有水、暖、气管道，而且房间的高度又不允许进行全部吊顶的情况下，所采用的一种局部吊顶的方式。这种方式的最好模式是，这些水、电、气管道靠近边墙附近，装修出来的效果与异型吊顶相似，如图 4-3 所示为玄关的局部吊顶效果图。

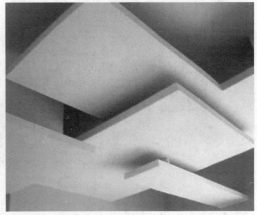

图 4-3　局部吊顶

据本人对装修行业的了解，目前大多数业主都喜欢在客厅做局部吊顶，吊顶使客厅看起来更加美观，所以，目前客厅做局部吊顶才会那么流行。局部吊顶也分好几种，如异型吊顶、格栅式吊顶、直线反光吊顶、凹凸吊顶、木质吊顶及无吊顶造型等。

◆ 异型吊顶：适用于卧室、书房等房间，在楼层比较低的房间，把顶部的管线遮挡在吊顶内，顶面可嵌入筒灯或内藏日光灯，产生只见光影不见灯的装饰效果。异型吊顶可以采用云型波浪线或不规则弧线，一般不超过整体顶面面积的 1/3，产生浪漫、轻盈的感觉，如图 4-4 所示。

◆ 格栅式吊顶：先用木材或其他金属材料做成框架，镶嵌上透光或磨砂玻璃，光源在玻璃上面，造型生动、活泼，装饰效果比较好，多用于阳台。它的优点是光线柔和、轻松自然，如图 4-5 所示。

图 4-4　异型吊顶　　　　　　　　　　　　　　　图 4-5　格栅式吊顶

◆ 直线反光吊顶：目前这种造型比较普遍，大多数人比较崇尚简约、自然的装修风格，顶面只做简单的平面造型处理。据阔达装饰设计师李志超介绍，为避免单调，消费者会在电视墙的顶部利用石膏板做一个局部的直角造型，将射灯暗藏进去，晚上打开射灯看电视，轻柔、温和，别有一番情调，如图 4-6 所示。

◆ 凹凸吊顶：这种造型选用石膏板，多用于客厅。如果顶面的高度允许，可以利用石膏板做一面造型，顶面凸起，留出四周内镶射灯，晚上打开灯就是一圈灯带，如图 4-7 所示。

图 4-6 直线反光吊顶

图 4-7 凹凸吊顶

◆ 木质吊顶：木质吊顶比较厚重、古朴，可以用于卧室、客厅、阳台等。目前市场有专门的木质吊顶板，厚度、长度、宽度都不尽相同，消费者可根据自家风格量身选择，如图4-8所示。

◆ 无吊顶造型：由于城市的住房高度普遍较低，吊顶后感到压抑和沉闷，所以不做吊顶，只把顶面的漆面处理好的"无吊顶"装修方式，也日益受到消费者的喜爱，如图4-9所示。

图 4-8 木质吊顶

图 4-9 无吊顶造型

3. 藻井式吊顶

这类吊顶的前提是，房间必须有一定的高度（高于 2.85m），且房间较大。它的式样是在房间的四周进行局部吊顶，可设计成一层或两层，装修后的效果有增加空间高度的感觉，还可以改变室内的灯光照明效果，如图4-10所示。

图 4-10 藻井式吊顶

4.1.2　吊顶顶棚的基本结构形式

常见吊顶结构安装示意图，如图 4-11 所示。

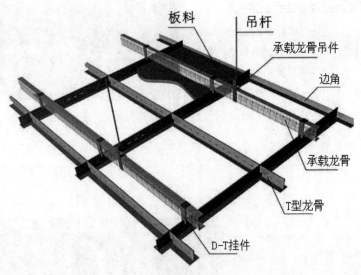

图 4-11　吊顶结构安装示意图

按顶棚面层与结构位置的关系区分，可分为直接式顶棚和悬吊式顶棚，如图 4-12 和图 4-13 所示。

图 4-12　直接式顶棚

图 4-13　悬吊式顶棚

直接式顶棚具有构造简单，构造层厚度小的优点，可以充分利用空间；其材料用量少，施工方便，造价较低。因此，直接式顶棚适用于普通建筑及功能较为简单、空间尺度较小的场所。

1．直接式顶棚的基本构造

包括直接抹灰构造、喷刷类构造、裱糊类顶棚构造、装饰板顶棚构造和结构式顶棚构造。

直接抹灰的构造做法是：先在顶棚的基层（楼板底）上，刷一遍纯水泥浆，使抹灰层能与基层很好地粘合；然后用混合砂浆打底，再做面层。要求较高的房间，可在底板上增设一层钢板网，在钢板网上再抹灰，这种做法强度高、结合牢，不易开裂脱落。抹灰面的做法和构造与抹灰类墙面装饰相同，如图 4-14 所示。

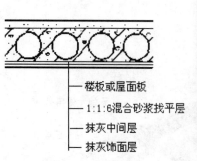

- 楼板或屋面板
- 1:1:6混合砂浆找平层
- 抹灰中间层
- 抹灰饰面层

图 4-14　直接抹灰顶棚构造

喷刷类装饰顶棚是在上部屋面或楼板的底面上直接用浆料喷刷而成的。常用的材料有石灰浆、大白浆、色粉浆、彩色水泥浆、可赛银等。其具体做法可参照涂刷类墙体饰面的构造，如图 4-15 所示。

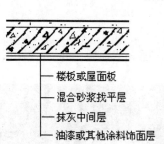
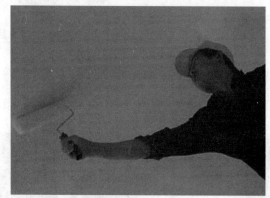

- 楼板或屋面板
- 混合砂浆找平层
- 抹灰中间层
- 油漆或其他涂料饰面层

图 4-15　喷刷类顶棚构造

裱糊类顶棚针对要求较高、面积较小的房间顶棚面，采用直接贴壁纸、贴壁布及其他织物的饰面方法。这类顶棚主要用于装饰要求较高的建筑，如宾馆的客房、住宅的卧室等空间。裱糊类顶棚的具体做法与墙饰面的构造相同，如图 4-16 所示。

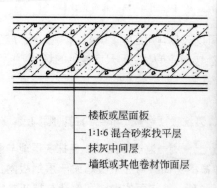

- 楼板或屋面板
- 1:1:6混合砂浆找平层
- 抹灰中间层
- 墙纸或其他卷材饰面层

图 4-16　裱糊类顶棚构造

直接装饰板顶棚构造是直接将装饰板粘贴在经抹灰找平处理的顶板上，其结构如图 4-17 所示。

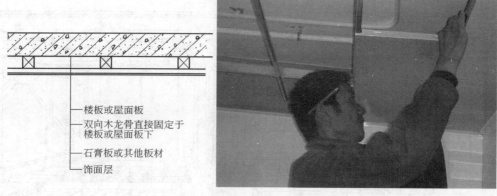

图 4-17 直接装饰板顶棚构造

结构式顶棚构造。将屋盖或楼盖结构暴露在外，利用结构本身的韵律作装饰，不再另做顶棚，所以称为"结构式顶棚"。结构式顶棚充分利用屋顶结构构件，并巧妙地组合照明、通风、防火、吸声等设备，形成和谐、统一的空间景观。一般应用于体育馆、展览厅、图书馆、音乐厅等大型公共性建筑中，如图 4-18 所示。

图 4-18 结构式顶棚构造

2．悬吊式顶棚的基本构造

悬吊式顶棚的装饰表面与结构底表面之间留有一定的距离，通过悬挂物与结构联结在一起，如图 4-19 所示为常见悬吊式顶棚的结构安装示意图。

其可结合灯具、通风口、音响、喷淋、消防设施等整体设计。

◆ 特点：立体造型丰富，改善室内环境，满足不同使用功能的要求。

◆ 类型外观：平滑式、井格式、叠落式、悬浮式顶棚。

◆ 龙骨材料：木龙骨、轻钢、铝合金龙骨悬吊式顶棚。

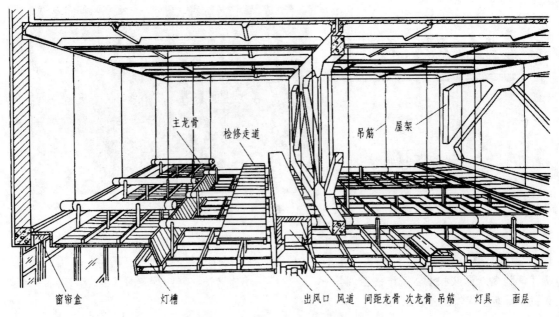

图 4-19　悬吊式顶棚的结构安装示意图

悬吊式顶棚的构造分为抹灰类顶棚、板材料顶棚和透光材料顶棚。

(1) 抹灰类顶棚

抹灰类顶棚的抹灰层必须附着在木板条、钢丝网等材料上，因此首先应将这些材料固定在龙骨架上，然后再做抹灰层。抹灰类顶棚包括板条抹灰顶棚和钢板网抹灰顶棚。板条抹灰顶棚装饰构造，如图 4-20 所示。

钢板网抹灰顶棚采用金属制品作为顶棚的骨架和基层。主龙骨用槽钢，其型号由结构计算而定；次龙骨用等边角钢中距为 400mm；面层选用 1.2mm 厚的钢板网；网后衬垫一层 Φ6mm 中距为 200mm 的钢筋网架；在钢板网上进行抹灰，如图 4-21 所示。

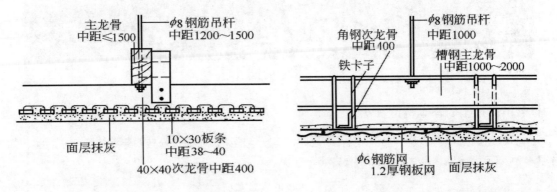

图 4-20　板条抹灰顶棚装饰构造　　　　图 4-21　钢板网抹灰顶棚装饰构造

(2) 板材类顶棚

常见板材类顶棚包括石膏板顶棚（如图 4-22 所示）、矿棉纤维板和玻璃纤维板顶棚（如图 4-23 所示）、金属板顶棚（如图 4-24 所示）等。

图 4-22　石膏板顶棚

图 4-23　矿棉纤维板顶棚

图 4-24　铝合金板顶棚

4.2 顶棚平面图的绘制要点

用假想的水平剖切面从房屋门、窗台位置把房屋剖开，并向顶棚方向进行投影，所得的视图就是顶棚平面图，如图 4-25 所示。

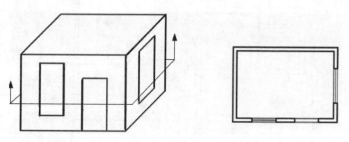

图 4-25　顶棚平面图形成示意图

根据顶棚图可以进行顶棚材料的准备和施工、购置顶棚灯具和其他设备，以及灯具、设备的安装等工作。

表示顶棚时，既可使用水平剖面图，也可使用仰视图。两者唯一的区别是：前者画墙身剖面（含其上的门、窗、壁柱等），后者不画，只画顶棚的内轮廓，如图 4-26 所示。

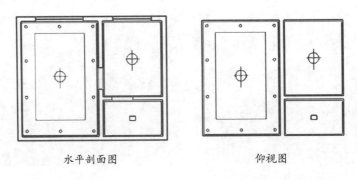

水平剖面图　　　　　　　　仰视图

图 4-26　顶棚平面图的表达

1．顶棚平面图的主要内容

　　主要表达室内各房间顶棚的造型、构造形式、材料要求，顶棚上设置灯具的位置、数量、规格，以及在顶棚上设置的其他设备的情况等内容。

2．顶棚平面图的画法与步骤

　　(1) 取适当比例（常用 1:100、1:50），绘制轴线网。

　　(2) 绘制墙体（柱）、楼梯等构（配）件、门窗位置（可以不绘制门窗图例）。

　　(3) 绘制各房间顶棚造型。

　　(4) 布置灯具及顶棚上的其他设备。

　　(5) 标注顶棚造型尺寸，各房间顶棚底面标高，书写顶棚材料、灯具要求，以及其他有关的文字说明。

　　(6) 标注房间开间、进深尺寸、轴线编号，书写图名和比例。

　　如图 4-27 所示为某户型的顶棚平面图。

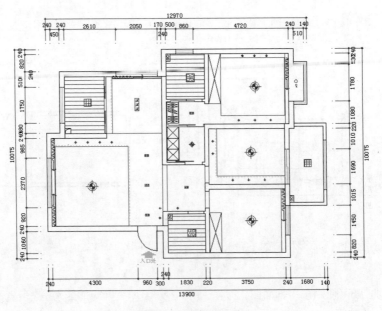

图 4-27　顶棚平面图

2．顶棚平面图的标注

顶棚平面图的标注应包含以下内容。

◆ 天花底面和分层吊顶的标高。

◆ 分层吊顶的尺寸、材料。

◆ 灯具、风口等设备的名称、规格和能够明确其位置的尺寸。

◆ 详图索引符号。

◆ 图名和比例等。

为了方便施工人员查看标注图例，一般把顶棚平面图中使用过的图例列表加以说明，如图 4-28 所示为图例表的说明形式。

序号	图形	名称	06	·	射灯
01	✧	造型吊灯	07	- - - -	暗藏灯带
02	▭	单管日光灯	08	∿∿	窗帘盒
03	⊞	35*35日光灯	09	▨	浴霸
04	▣	排风扇	10	◉	吸顶灯
05	⊗	筒灯	11	▬	镜前灯

图 4-28　顶棚平面图中使用的图例

4.3 某服饰店顶棚平面图绘制练习

本例的某服饰旗舰店顶棚平面图主要体现了顶面灯位及顶面装饰材料的设计。设计完成的某服饰旗舰店顶棚平面图，如图 4-29 所示。

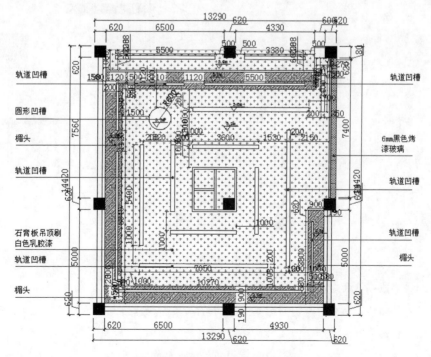

图 4-29　某服饰旗舰店顶棚平面图

动手操作：绘制顶面造型

顶面的造型主要是吊顶和灯具槽的绘制。下面介绍详细绘制过程与方法。

Step01 从本例源文件夹中打开"服饰店原始户型图 .dwg"文件。

Step02 使用 L 命令和 O 命令，绘制如图 4-30 所示的天窗轮廓线。

Step03 使用"夹点拉长"模式，将上一步绘制的直线进行拉长，得到如图 4-31 所示的图形。

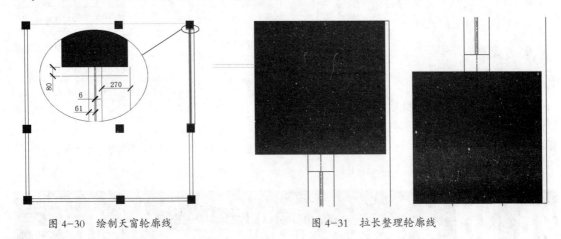

图 4-30 绘制天窗轮廓线　　　　　　　　图 4-31 拉长整理轮廓线

Step04 使用 L 命令，在原始图中绘制长度为 1668 的直线。暂且不管位置关系，如图 4-32 所示。

Step05 使用 AutoCAD 2015 的参数化"线型"功能，对直线进行尺寸约束，结果如图 4-33 所示。

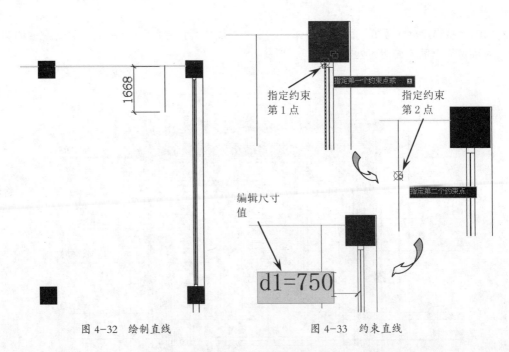

图 4-32 绘制直线　　　　　　　　　　　　图 4-33 约束直线

Step06 使用"多段线"命令，在直线的端点依次绘制出多段线，结果如图 4-34 所示。

Step07 使用 O（偏移）命令，绘制如图 4-35 所示的两条偏移直线。

Step08 使用"直线"命令绘制如图 4-36 所示的内墙边线。

Step09 将两偏移直线拉长至与左边内墙线相交的位置，如图 4-37 所示。

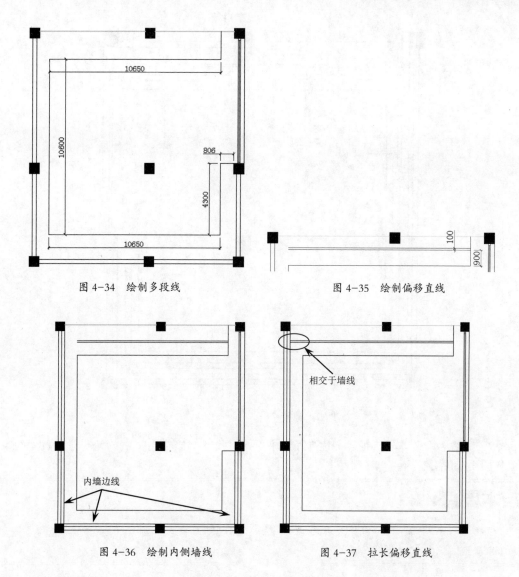

图 4-34 绘制多段线

图 4-35 绘制偏移直线

图 4-36 绘制内侧墙线

图 4-37 拉长偏移直线

Step10 使用"复制"命令,在右上角复制矩形柱子并将其粘贴,如图 4-38 所示。

Step11 使用"直线"命令,在粘贴的矩形左下角绘制一条直线,然后使用"修剪"命令修剪相交的线段,结果如图 4-39 所示。

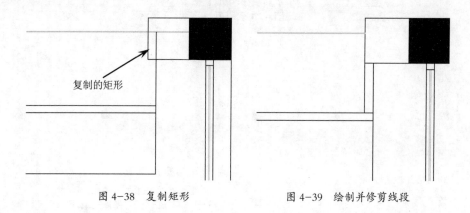

图 4-38 复制矩形

图 4-39 绘制并修剪线段

Step12 使用"矩形"命令,在图形中绘制矩形,位置与尺寸任意,如图 4-40 所示。

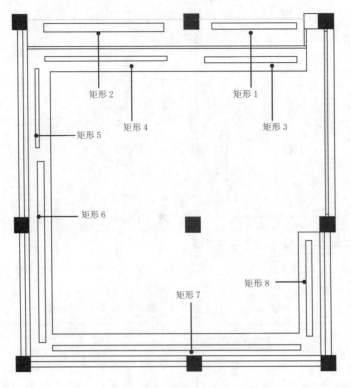

图 4-40　绘制任意尺寸及位置的多个矩形

Step13 在"参数化"选项卡的"标注"面板中单击"线性" ⬚ 按钮，先对矩形进行尺寸约束，结果如图 4-41 所示。

> ## 技术要点：
>
> 　　在指定约束点时，必须指定矩形各边的中点。以此才可以使矩形按要求进行尺寸约束。若是约束直线，只需选择直线的两个端点即可。

Step14 同理，使用参数化的"线性"命令，对各矩形进行位置（定位）约束，结果如图 4-42 所示。

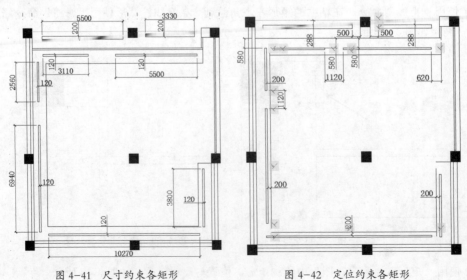

图 4-41　尺寸约束各矩形　　　　　图 4-42　定位约束各矩形

技术要点：

　　在进行定位约束时，先指定固定边作为约束第1点，然后才指定矩形中的点作为约束的第2点。在此例中，部分定位可使用"平行""垂直""共线"等几何约束。

　　此外，在定位约束时，不要删除尺寸约束，否则矩形会发生变化（下面图片中是为了让大家看得清晰定位约束和几何约束，最后才删除尺寸约束的）。如果在约束过程中矩形发生改变，在尺寸没有删除的情况下，可以使用几何约束来整理矩形。

Step15 使用"矩形"和"圆"命令，在户型图中绘制多个宽度一致的矩形和半径为600的圆，如图4-43所示。

Step16 对绘制的矩形和圆进行定位约束，结果如图4-44所示。

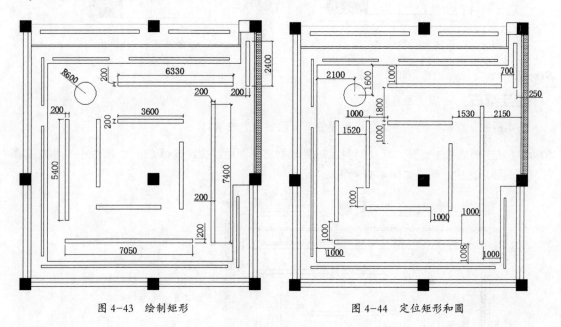

图4-43 绘制矩形　　　　　　　　　　图4-44 定位矩形和圆

Step17 使用"矩形"和"偏移"命令，在图形中央绘制一个2200×2200的矩形。然后以此作为偏移参照，向外绘制出偏移距离为100的矩形，结果如图4-45所示。

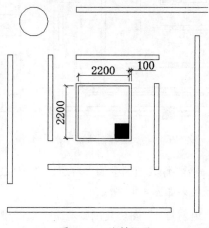

图4-45 绘制矩形

Step18 使用"直线"命令,在矩形中绘制两条中心线,如图 4-46 所示。

Step19 使用"偏移"命令和"修剪"命令,以中心线作为参照,绘制偏移距离为 50 的直线,然后进行修剪,结果如图 4-47 所示。

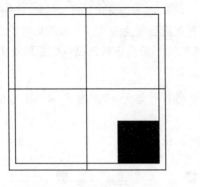

图 4-46 绘制中心线

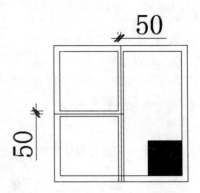

图 4-47 绘制偏移直线并修剪

Step20 至此,顶面的造型设计完成。

动手操作:添加顶面灯具

在本例中,灯具的插入是通过已创建的灯具图例来完成的。

Step01 从本例光盘中打开"灯具图例 .dwg"素材文件,通过按快捷键 Ctrl+C 和 Ctrl+V 将灯具图例复制到图形区中,结果如图 4-48 所示。

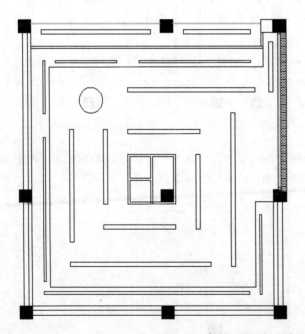

图例	类型	数量
❀	艺术吊灯	1
✦	轨道射灯a	55
∘	轨道射灯b	48
✦	筒灯	

图 4-48 复制、粘贴灯具图例

Step02 使用"复制(CO)"命令将灯具图例中的"轨道射灯 b"图块复制、粘贴到宽度仅有 120 的轨道凹槽中,且间距为 720,结果如图 4-49 所示。

Step03 同理,按此方法将"轨道射灯 a"图块复制到其余轨道凹槽矩形中(间距自行安排,大致相等即可)。结果如图 4-50 所示。

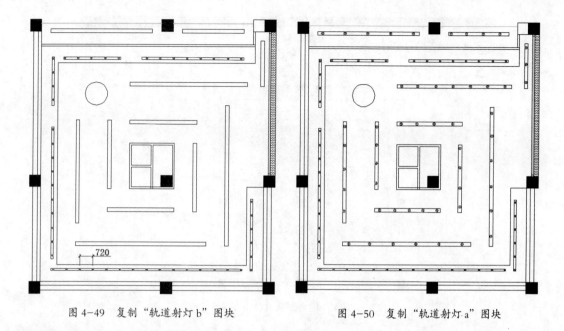

图 4-49　复制"轨道射灯 b"图块　　　　图 4-50　复制"轨道射灯 a"图块

Step04 使用"复制（CO）"命令将"筒灯"图块复制到顶面中心的天窗位置，如图 4-51 所示。

技术要点：

　　粘贴时，在矩形上先确定中心点，然后利用"极轴追踪"功能将筒灯粘贴至矩形垂直中心线的极轴交点上。

Step05 最后将"艺术吊灯"图块复制到圆心凹槽中，如图 4-52 所示。

Step06 使用"样条曲线拟合"命令，绘制灯具之间的串联电路，如图 4-53 所示。

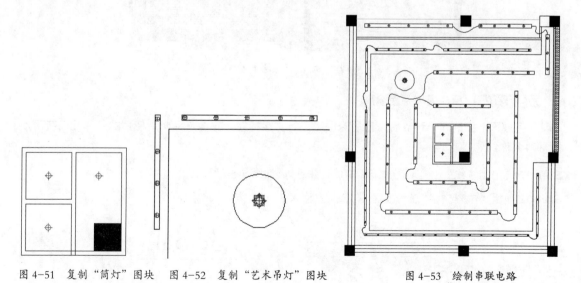

图 4-51　复制"筒灯"图块　　图 4-52　复制"艺术吊灯"图块　　　　图 4-53　绘制串联电路

动手操作：填充顶面图案

Step01 使用"填充"命令，打开"图案填充创建"选项卡。在该选项卡中选择 CROSS 图案，填充比例为 30，然后对顶棚平面图形进行填充，结果如图 4-54 所示。

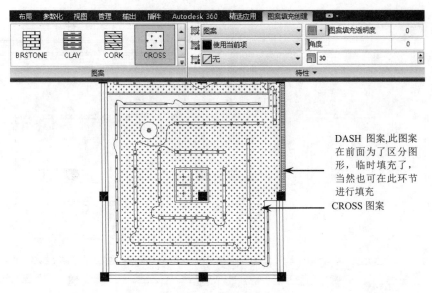

图 4-54　填充 CROSS 图案

Step02 同理，再选择 JIS_SIN_1E 图案，对其余区域进行填充，结果如图 4-55 所示。

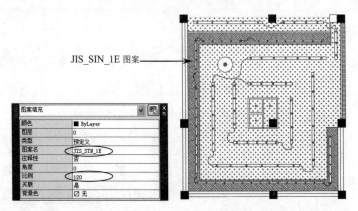

图 4-55　填充其余区域

动手操作：标注顶棚平面图形

在完成了前面的几个环节后，最后对图形进行文字标注。主要是标明所使用的灯具和天花吊顶的材料名称。

Step01 使用"直线"命令，绘制标高的标注图形，如图 4-56 所示。

Step02 使用"单行文字"命令，在图形上方输入 3.3m 字样，如图 4-57 所示。

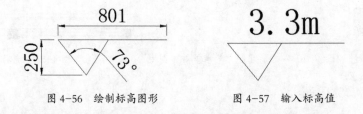

图 4-56　绘制标高图形　　　　图 4-57　输入标高值

Step03 复制前两步创建的标高图形及高度值，粘贴到顶棚平面图中。

技术要点：

粉贴标高图块时，可以先将填充的图案删除。待完成标高标注的编辑后，再填充。

Step04 双击标高标注的值，将部分值更改，如图4-58所示。

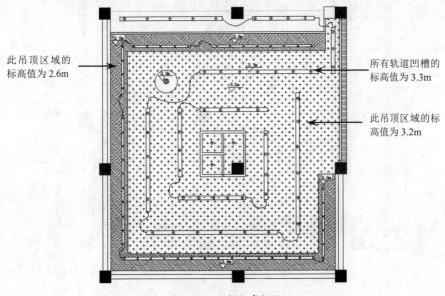

此吊顶区域的
标高值为2.6m

所有轨道凹槽的
标高值为3.3m

此吊顶区域的标
高值为3.2m

图4-58 编辑标高标注

Step05 在菜单栏执行"格式"|"多重引线样式"命令，然后在弹出的"多重引线样式管理器"对话框中选择Standard样式，并单击"修改"按钮，如图4-59所示。

Step06 在随后弹出的"修改多重引线样式：Standard"对话框的"引线格式"选项卡中设置如图4-60所示的选项。完成设置后单击"确定"按钮关闭该对话框。

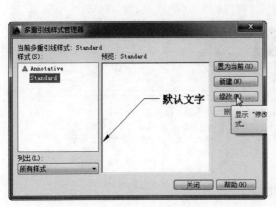

图4-59 选择Standard样式进行修改

图4-60 设置多线样式

Step07 在"常规"选项卡的"注释"面板中单击"引线"按钮，然后在顶棚图中创建多条引线。引线的箭头放置在图形中的各区域、轨道槽、灯具位置，如图4-61所示。

Step08 使用"多行文字"命令，在引线末端输入相应的文字，且文字高度为216，如图4-62所示。

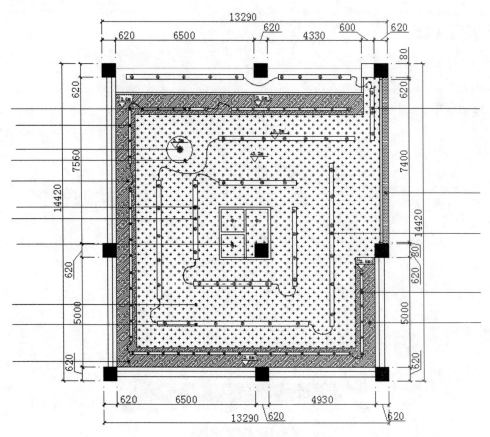

图 4-61　创建多重引线

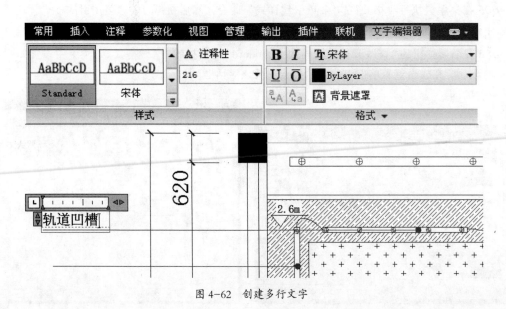

图 4-62　创建多行文字

Step09 同理，在其他多重引线上创建多行文字，结果如图 4-63 所示。

Step10 最后在图形下方创建"顶棚平面图 1:100"的多行文字，如图 4-64 所示。至此完成了某服饰店整个顶棚平面图的绘制。

Step11 最后将绘制完成的结果保存。

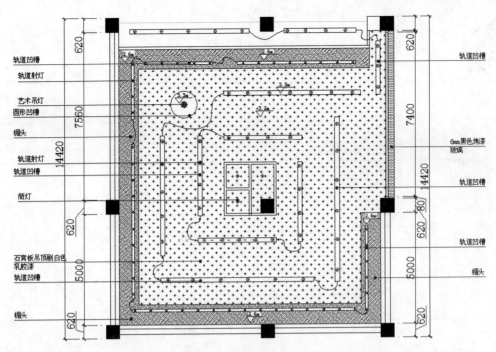

图 4-63 创建其他多行文字

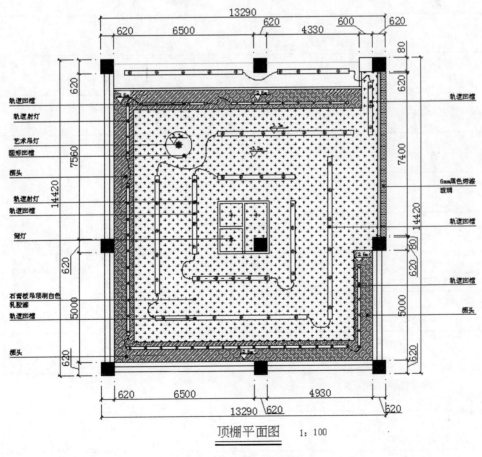

<u>顶棚平面图</u> 1：100

图 4-64 创建图名及绘图比例

绘制其他装修图纸

在室内装修设计的全套图纸中，除前面介绍的施工图外，还有立面图、节点详图、拆除示意图、新建墙尺寸平面图、弱电配置图（电气图）、给排水配置图、空调配置图等。

※ 室内施工流程所需其他图纸

※ 电气图、给排水配置图与立面图绘制练习

※ 某宾馆总台详图绘制练习

5.1 室内施工流程所需的其他图纸

室内装修施工图纸很多，除前面介绍过的施工图必须具备外，本章所介绍的其他装修图纸并非每次装修都要一一准备。例如，新房装修就不一定需要拆除示意图、新建尺寸平面图等。

5.1.1 现场施工流程图

常见的室内装修施工的流程如下。

(1) 设计方案及施工图纸（设计师）。

(2) 现场设计交底（业主、设计师、监理、施工人员）。

(3) 开工材料准备（先期水电等材料进场）。

(4) 土建改造（拆墙、砌墙）。

(5) 水电铺设（电线、水管铺设，开关插座底盒安装）。

(6) 泥工进场（墙、地砖、大理石等的铺设）。

(7) 木工工程（各种柜体、吊顶、门窗套制作安装）。

(8) 油漆工程（墙面、柜体等的油漆粉饰）。

(9) 水电扫尾（龙头、洁具、灯具、开关面板的安装）。

(10) 工程验收，交付业主。

下面用装修现场的图片帮助大家了解整个施工流程，如图 5-1 ～图 5-13 所示。

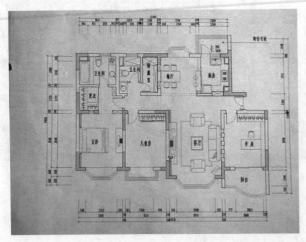

施工图纸准备：

◆ 原始平面图

◆ 平面布置图

◆ 天花布置图

◆ 电气图

◆ 给排水配置图

◆ 各部位立面图

◆ 各部位剖面及详图

◆ 效果图

图 5-1 施工准备

图 5-2　开工准备

施工材料准备：
　　水泥、沙、红砖、木方、铁钉、钢钉、
纹钉、电线、水管、穿线管、瓷砖。

图 5-3　施工材料准备

拆墙注意事项：
　　1.承重墙、梁、柱、楼板等作为房屋主
要骨架的受力构件不得随意拆除。
　　2.不能拆门窗两侧的墙体。
　　3.阳台下面墙体不要拆除。
　　4.砖混结构墙面开洞直径不宜大于 1m。
　　5.应注意冷、热水管的走向，拆除水管
接头处应用堵头密封。

图 5-4　拆除部分墙体并砌墙

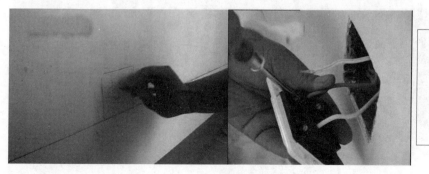

弱电施工：
1.定位。
2.开槽。
3.布线。
4.弯管。

图 5-5　弱电施工

水路改造施工：

1. 保证主水路不动。

2. 使用品牌的 PPR 水管或日丰管铝塑复合管。

3. 水路改造注意留接头。

4. 预先设计所有需要用水的线路。

5. 水管尽量不要从地上走，冷水管在墙里要有 1CM 的保护层。

6. 闭水实验无渗漏后，开始做防水工程。

7. 铝塑管安装封水泥时，一定要在场监督工人按照施工标准给热水管预留膨胀空间。

8. 水管改造的打压试验非常重要。

图 5-6　水路改造施工

图 5-7　电路改造施工

泥工施工：

1. 改动门窗位置。

2. 厨房、卫生间防水处理。

3. 包下水管道。

4. 地面找平。

5. 墙、地砖铺贴。

图 5-8　泥工施工

木工施工：

1. 吊顶。

2. 轻质隔墙。

3. 门、窗套。

4. 门页、窗页。

5. 家具。

6. 木地板。

图 5-9 木工施工

面子工程：

1. 吊顶补缝处理。

2. 刮腻子。

3. 刷乳胶漆。

图 5-10 腻子施工

家私油漆工：

1. 乳胶漆。

2. 家具漆。

(1) 有色家具漆。

(2) 无色家具漆。

图 5-11 漆工施工

图 5-12 灯具、洁具安装

图 5-13 最后清理现场，完工

5.1.2 其他施工图纸一览

看完前面的现场施工流程图，还需要哪些施工图纸，应该心里有底了，下面就做简要介绍。

1. 室内电气设计图（弱电配置图）

室内电气设计是弱电设计。弱电配置图中必不可少的要素包括电气图例、开关图例、灯具图例、插座图例等。这些图例在图纸中用表的形式列出，称为"图例表"。

图例表用来说明各种图例图形的名称、规格，以及安装形式等。图例表由图例图形、图例名称和安装说明等几个部分组成，如图 5-14 所示。

图例	名称	图例	名称	图例	名称
	排气扇	TP	电话出座线		工艺吊灯
	单联单控开关		筒灯		
	双联单控开关		吸顶灯		
	单联双控开关		防水筒灯		浴霸
			吊灯		
	双联双控开关		壁灯		
			工艺吊灯		吸顶灯
	二三插座				导轨灯
	空调插座		浴霸		斗胆灯
	电脑网络插座				斗胆灯
	电话插座		筒灯		
	电视插座		壁灯		吸顶灯
	电视终端插座		吸顶灯		
	数据出座线		筒灯		
	配电箱				

图 5-14 图例表

如图 5-15 所示为某三居室的开关布置图。

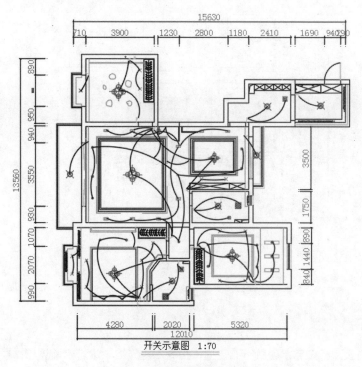

图 5-15 开关配置图

如图 5-16 所示为某三居室的插座配置图。

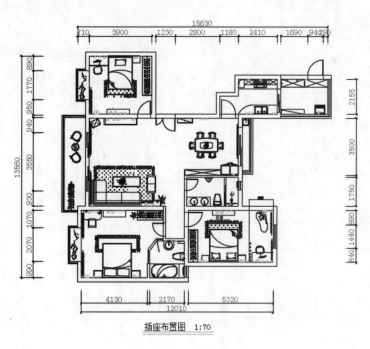

图 5-16 插座配置图

如图 5-17 所示为某三居室的灯具配置图。

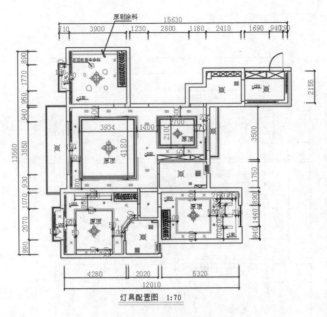

图 5-17　灯具配置图

2．给排水配置图

给排水配置图反映了住宅水管的分布走向，指导水电施工，给排水配置图需要绘制的内容主要为冷、热水管和出水口。冷热水管及其出水口图例如图 5-18 所示。下面介绍冷热水管走向图的绘制方法。

打开三居室平面布置图，删除平面布置图中的家具图形，然后绘制给排水配置图图例及路线图，完成给排水配置图如图 5-19 所示。

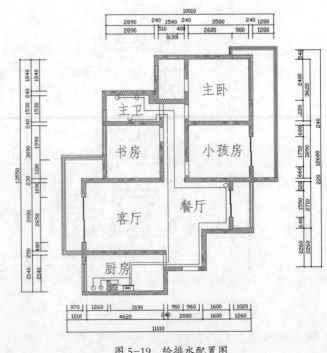

─○	冷水管及水口
┄┄○	热水管及水口

图 5-18　给排水配置图图例表　　　　　图 5-19　给排水配置图

3．立面图

在一个完整的室内施工设计中，立面图是唯一能直观表达出室内装饰结果的图纸。

室内立面图一般包含如下内容。

◆ 需表达出墙体、门洞、窗洞、抬高地坪、吊顶空间等的断面。

◆ 需表达出未被剖切的可见装修内容，如家具、灯具及挂件、壁画等装饰。

◆ 需表达出施工尺寸与室内标高。

◆ 立面图图纸中还应标注出索引号、图号、轴线号及轴线尺寸。

◆ 还要注出装修材料的编号及说明。

如图 5-20 所示为某户型客厅的立面效果图。

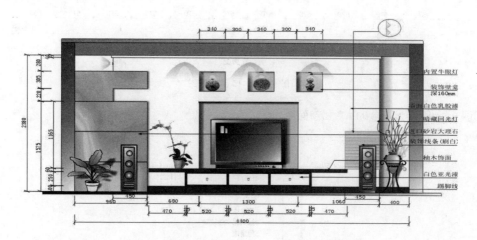

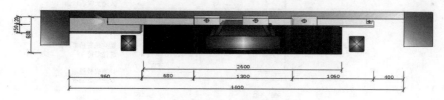

图 5-20　某户型客厅立面效果图

4．室内节点详图

详图是室内设计中重点部分的放大图和结构做法图。一个工程需要画多少详图、画哪些部位的详图要根据设计情况、工程大小，以及复杂程度而定。

室内详图是室内设计中需要重点表达部分的放大图或结构做法图。

一般情况下，室内详图的绘制内容应包括局部放大图、剖面图和断面图。

如图 5-21 和图 5-22 所示为某吧台的三维效果图及立面图。

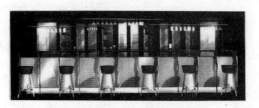

图 5-21　某吧台的三维效果图

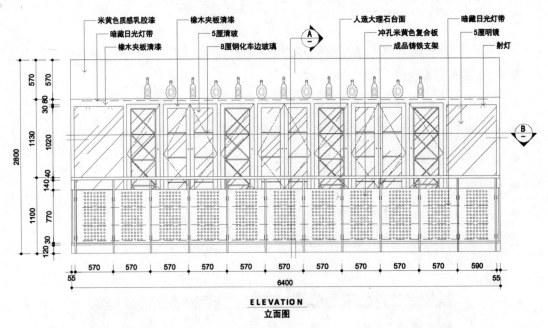

图 5-22　吧台立面图

如图 5-23 所示为吧台的 A、B 剖面图。

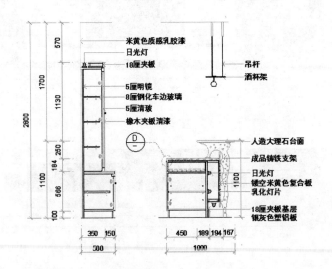

图 5-23　剖面图及局部放大图

如图 5-24 所示为吧台的 A、B 剖面图中扩展的 C、D 大样图（局部放大图或节点详图）。

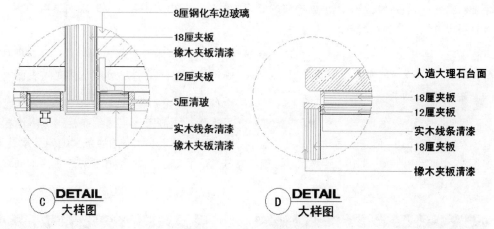

图 5-24 吧台 C、D 大样图

5．墙体拆除示意图（手工图）

当室内设计考虑了风水、业主家人员配备及生活需求，原有结构已不符合新设计的要求，就需要修改隔间，所绘制的图要明确标识拆除的位置，这样才能减少拆除时所产生的误差和问题。

一般情况下，现场拆除都要依据拆除示意图，使用喷漆标识在需要拆除的墙面上。

如图 5-25 所示为对原有房型进行整改的手绘拆除示意图。

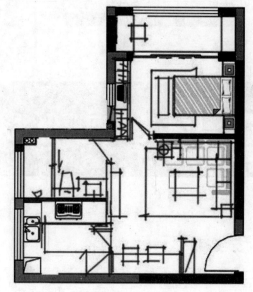

户型缺点：

1.过分公开，没有私密性。

2.没有就餐空间。

3.户型空间小，但浪费空间的地方却很多。

调整方法：

1.入口处设置玄关鞋柜。

2.玄关背面设置独立的就餐区。

3.卫生间改门，新设完整电视背景墙。

图 5-25 手绘的拆除示意图

6．地面材质配置图

地面材质图，顾名思义是关于地面材质的任何内容的。它标明需要铺设的地面材料种类、地面拼花、材料尺寸及不同材料分界线。

地面材质一般会采用石材、抛光石英石、瓷砖、木地饭（实木及复合木地板）、塑料地砖及特殊材质地面等。在绘制地面材质配置图时，需注意施工地面材质的先后顺序，相对的表面材质配置图的画法也略有不同。

举例说明，如图 5-26 所示，木制柜先施工，之后木地板再施工，当遇到衣柜时，木地板线条不需延伸至衣柜范围内；但遇到活动家具且是摆设在木地板上的，木地板的线条需延伸至家具范围。另外如图 5-27 所示，大理石先施工，之后再施工木质柜，而遇到衣柜及活动家具时，地面线条都需延伸至此范围内。

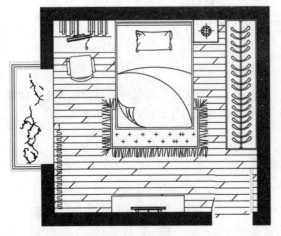
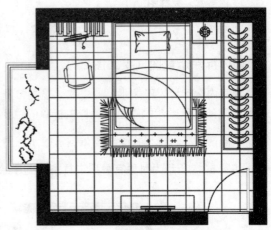

图 5-26　木制柜部分先施工，之后再施工木地　　　　图 5-27　大理石转先施工，之后再施工木质柜

5.2 电气图、给排水配置图与立面图绘制练习

本节要进行的绘图练习包括电气图、给排水配置图、立面图等。

动手操作：绘制插座平面图

在电气图中，插座主要反映了插座的安装位置、数量和连线等情况。插座平面图在平面布置图基础上绘制，主要由插座、连线和配电箱等部分组成，下面讲解插座系统电路图的绘制方法。

Step01 启动 AutoCAD，打开"三居室平面布置图 .dwg"文件，如图 5-28 所示。

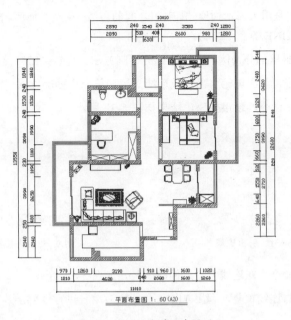

图 5-28　三居室平面布置图

Step02 复制本例所用图例表（如图 5-29 所示）中的插座及配电箱到 "三居室平面布置图" 中的相应位置，如图 5-30 所示。

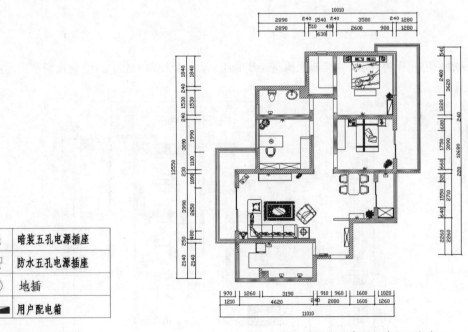

图标	说明
	暗装五孔电源插座
	防水五孔电源插座
	地插
	用户配电箱

图 5-29　图例表

图 5-30　复制插座和配电室

技术要点：

　　家具图形在电气图中主要起参考作用，例如在摆放有床头灯的位置，就应该考虑在此处设置一个插座，此外还可以针对家具的布置，合理安排插座、开关的位置。

Step03 绘制连线。连线是用来表示插座、配电箱之间的电线，反映了插座、配电箱之间的连接线路，连线可使用 LINE 和 PLINE 等命令绘制。

Step04 下面以三居室厨房部分为例，介绍连线的绘制方法。设置"LX_连线"图层为当前图层。

Step05 调用 LINE 命令，从配电箱引出一条连线到厨房第一个插座位置，结果如图 5-31 所示。

Step06 继续调用 LINE 命令，连接插座，结果如图 5-32 所示。

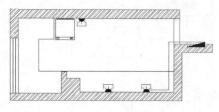

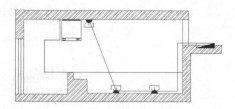

图 5-31　引出连线　　　　　　　　　　　图 5-32　连接插座

Step07 调用 MTEXT 命令，在连线上输入回路编号，如图 5-33 所示。

Step08 此时回路编号与连线重叠，调用 TRIM 命令，对编号进行修剪，效果如图 5-34 所示。

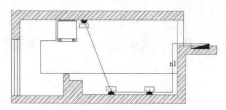

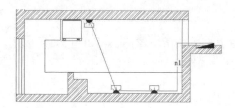

图 5-33　出入回路编号　　　　　　　　　图 5-34　修剪连线

Step09 采用同样的方法，完成其他插座连线的绘制，效果如图 5-35 所示，完成插座平面图的绘制。

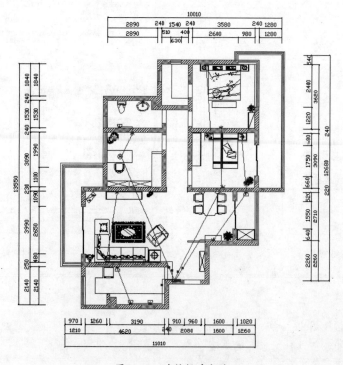

图 5-35　连接插座电路

动手操作：绘制弱电平面图

弱电设备主要包括电话、有线电视、宽带网等，下面讲解弱电系统电路图的绘制方法。

Step01 启动 AutoCAD，打开"三居室平面布置图 .dwg"文件。

Step02 复制本例所用图例表（如图 5-36 所示）中的弱电插座及配电箱到"三居室平面布置图"中的相应位置，如图 5-37 所示。

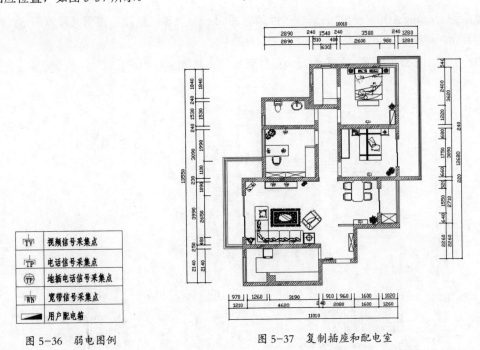

TV	视频信号采集点
TP	电话信号采集点
TP	地插电话信号采集点
WN	宽带信号采集点
▬	用户配电箱

图 5-36　弱电图例　　　　　　　图 5-37　复制插座和配电室

Step03 绘制连线。连线可通过多线段将各种弱电设备分别连接到门口的弱电箱，其中相同类设备可连接一条线，绘制结果如图 5-38 所示。

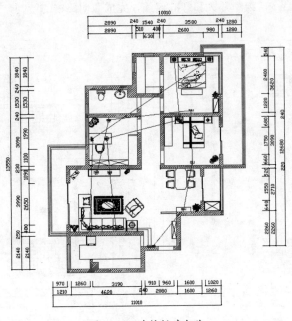

图 5-38　连接插座电路

动手操作：绘制照明平面图

照明平面图反映了灯具、开关的安装位置、数量和连线的走向，是电气施工不可缺少的图样，同时也是未来电气线路检修和改造的主要依据。

照明平面图在顶棚图的基础上绘制，主要由灯具、开关，以及它们之间的连线组成，绘制方法与插座平面图基本相同，下面以三居室顶棚图为例，介绍照明平面图的绘制方法。

Step01 启动 AutoCAD，打开"三居室平面顶棚图 .dwg"文件，删除不需要的顶棚图形，只保留灯具和灯带，如图 5-39 所示。

Step02 复制如图 5-40 所示中的电源开关图例到如图 5-41 所示的相应位置。

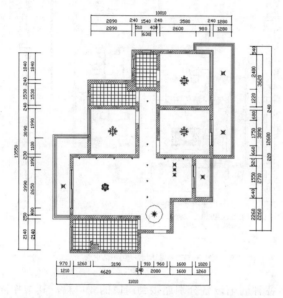

图 5-39　只保留灯具和灯带的三居室平面顶棚图　　　　图 5-40　电源开关符号

Step03 调用 SPLINE 命令，绘制开关和灯的连线，完成照明路线的绘制，效果如图 5-42 所示。

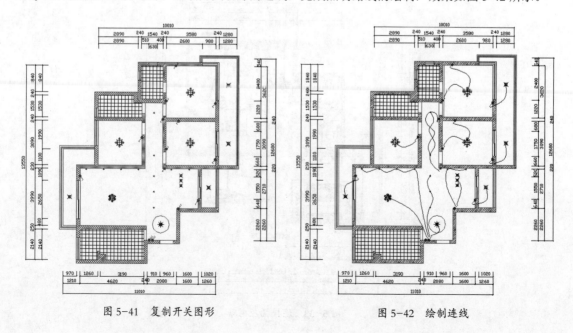

图 5-41　复制开关图形　　　　　　　　图 5-42　绘制连线

动手操作：绘制给排水配置图

1．绘制出水口

Step01 打开三居室平面布置图，删除平面布置图中的家具图形，效果如图 5-43 所示。

Step02 创建一个新图层——"SG_ 水管"图层，并设置为当前图层。

Step03 根据平面布置图中的洗脸盆、洗菜盆等需设出水口的位置，绘制出水口的图形，如图 5-44 所示，其中实线表示接冷水管；虚线表示接热水。

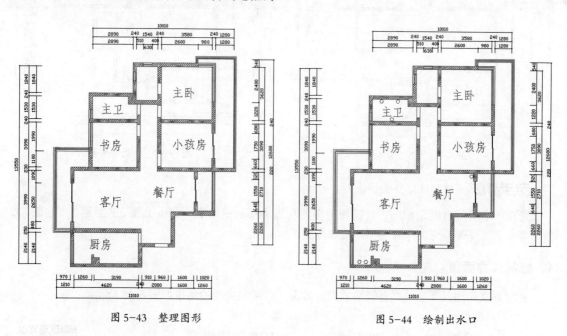

图 5-43　整理图形　　　　　　　　　图 5-44　绘制出水口

2．绘制热水器和冷水管

Step01 调用 PLINE 命令和 MTEXT 命令，绘制热水器，如图 5-45 所示。

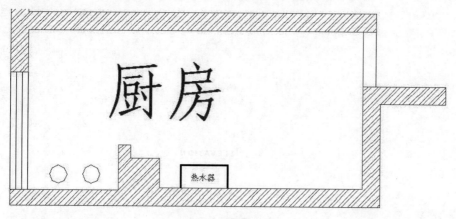

图 5-45　绘制热水器

Step02 调用 LINE 命令，绘制线段，表示冷水管，如图 5-46 所示。

Step03 调用 LINE 命令，将热水管连接至各个热水出水口，注意热水管是用虚线表示的，如图 5-47 所示，至此，三居室冷热水管走向图绘制完成。

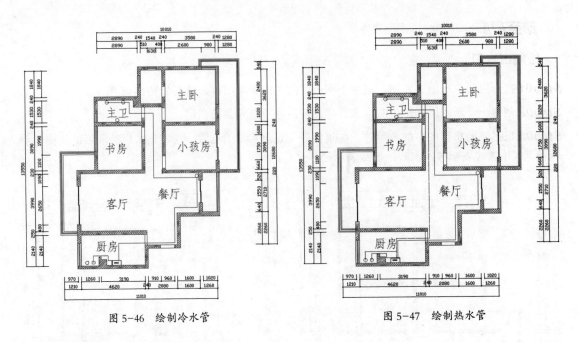

图 5-46　绘制冷水管　　　　　　图 5-47　绘制热水管

动手操作：绘制客厅立面图

通常一个房间有四个朝向，立面图可根据房屋的标识来命名，如 A 立面、B 立面、C 立面、D 立面等。下面详细介绍客厅立面图的绘制步骤。

1．绘制 A 立面图

客厅 A 立面图展示了沙发背景墙的设计方案，其绘制完成的结果如图 5-48 所示。

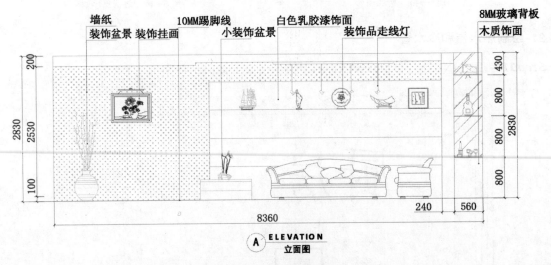

图 5-48　客厅 A 立面图

Step01 新建文件，并另存为"某户型室内立面图 .dwg"。

Step02 使用"直线"命令和"偏移"命令，在绘图区域绘制如图 5-49 所示的直线。

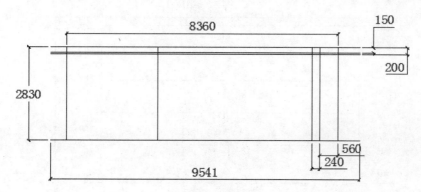

图 5-49 绘制直线

Step03 使用"修剪"命令对直线进行修剪,结果如图 5-50 所示。

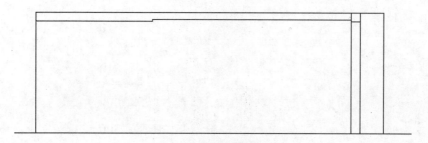

图 5-50 修剪直线

Step04 使用"偏移"命令,绘制如图 5-51 所示的偏移直线。

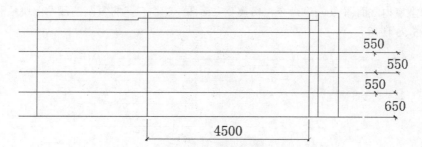

图 5-51 绘制偏移直线

Step05 使用"修剪"命令对线段进行修剪处理,结果如图 5-52 所示。

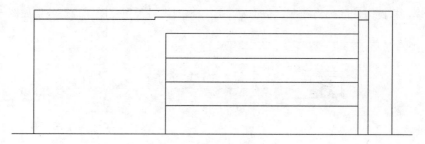

图 5-52 修剪偏移直线

Step06 使用"矩形"命令,绘制如图 5-53 所示的储物柜,并使用"修剪"命令修剪图形。

图 5-53　绘制储物柜

Step07 使用"直线""偏移"命令，绘制如图 5-54 的直线和偏移直线。

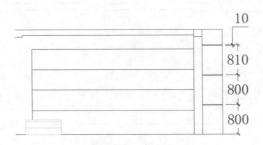

图 5-54　绘制直线和偏移直线

Step08 将本例的"图库 .dwg"素材文件打开。在新窗口中复制"沙发"立面图块。在菜单栏中执行"窗口"|"某户型室内立面图 .dwg"命令，切换至立面图绘制窗口，将复制的沙发图块粘贴到 A 立面图中，如图 5-55 所示。

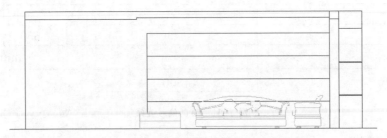

图 5-55　复制、粘贴"沙发"立面图块

Step09 同理，按此方法陆续将花瓶、装饰画、灯具等图块插入到立面图中，结果如图 5-56 所示。

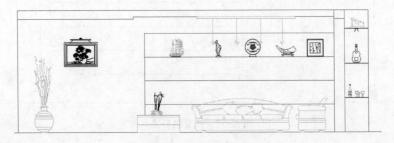

图 5-56　复制、粘贴其他图块

Step10 使用"修剪"命令修剪立面图形，结果如图 5-57 所示。

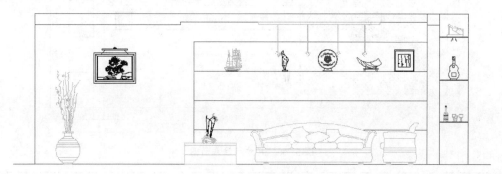

图 5-57　修剪图形

Step11 使用"填充"命令，选择 CROSS 图案，比例为 200，对立面图进行填充，结果如图 5-58 所示。

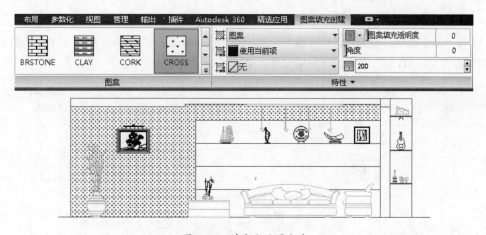

图 5-58　填充立面图主墙

Step12 执行"填充"命令，对右侧的酒柜玻璃门进行填充，结果如图 5-59 所示。

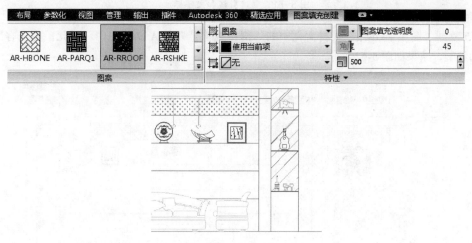

图 5-59　填充酒柜门

Step13 将"标注"层设为当前层，结合使用"线性标注"命令和"连续标注"命令对图形进行标注，结果如图 5-60 所示。

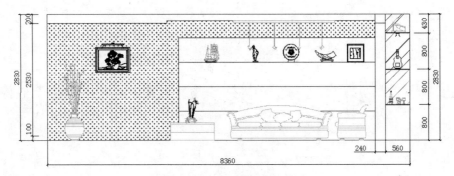

图 5-60　尺寸标注立面图

技术要点：

尺寸标注的样式、文字样式等，可参照前面章节中所介绍的步骤进行设置。

Step14 将"文字说明"设为当前层，执行"多重引线（Mleader）"命令，绘制文字说明的引线，使用"多行文字（MT）"命令创建说明文字，如图 5-61 所示。

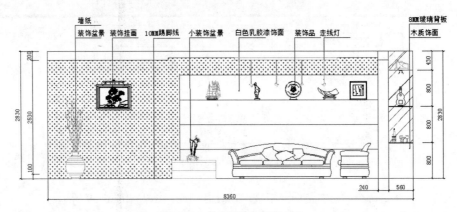

图 5-61　创建引线和文字标注

Step15 复制"图库 16.dwg"素材文件中的"剖析线符号"到 A 立面图中。至此，完成客厅 A 立面图的绘制，结果如图 5-62 所示。

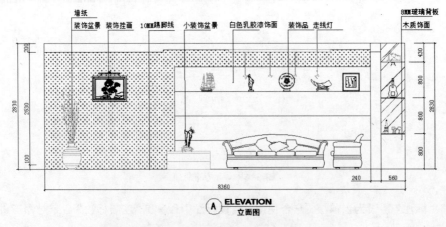

图 5-62　复制"剖析线符号"图块到 A 立面图中

2．绘制客厅 B 立面图

客厅 B 立面图展示了电视墙、厨房装饰门、鞋柜和玄关的设计方案，其结果如图 5-63 所示。绘制客厅 B 立面图的内容主要包括：电视墙、电视、装饰门、隔断等装饰物，在绘图过程中可以使用"插入"命令插入常见的图块，绘制客厅 B 立面图的操作如下。

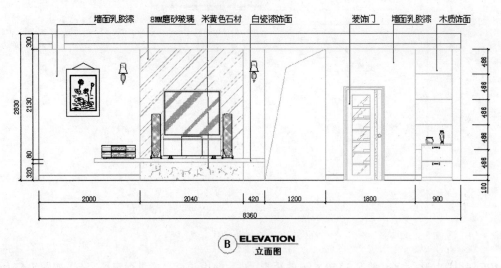

图 5-63　客厅 B 立面图

Step01 复制 A 立面图中的墙边线，如图 5-64 所示。

图 5-64　复制 A 立面图的墙边线

Step02 使用"直线""偏移"命令，绘制如图 5-65 所示的直线和偏移直线。

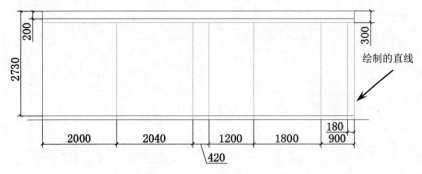

图 5-65　绘制直线和偏移直线

Step03 使用"直线"命令，在图形右侧绘制 4 条水平直线，且不定位。

Step04 使用"参数化"功能选项卡中的"约束"功能，对 4 条直线进行定位约束，如图 5-66 所示。

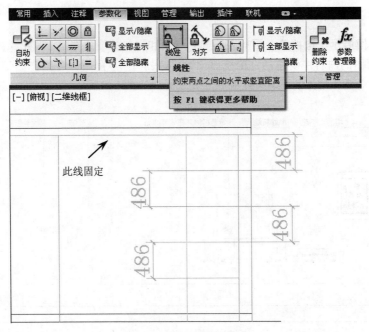

图 5-66 绘制并定位直线

Step05 使用"矩形"命令，绘制3350×80的矩形，然后使用约束功能进行定位，结果如图5-67所示。

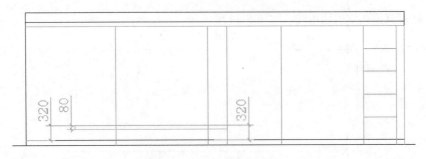

图 5-67 绘制并定位矩形

Step06 使用"直线"命令，绘制直线。再使用"修剪"命令，修剪图形，结果如图 5-68 所示。

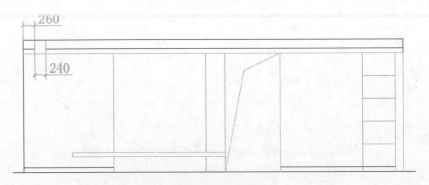

图 5-68 绘制并修剪直线

Step07 将"图库.dwg"素材文件中的电视机、DVD机、电灯具器、门、工艺品图块插入到立面图中，如图 5-69 所示。

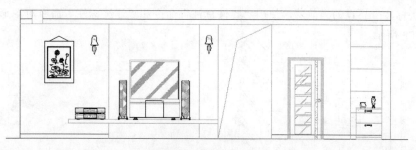

图 5-69 插入图块

Step08 插入图块后，再次对图形进行修剪，结果如图 5-70 所示。

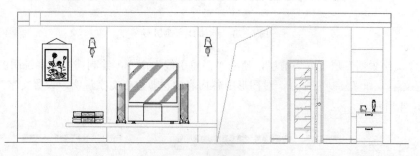

图 5-70 修剪图形

Step09 使用"填充"命令，对 B 立面图进行填充，结果如图 5-71 所示。

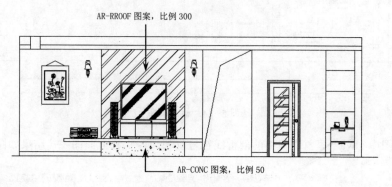

AR-RROOF 图案，比例 300

AR-CONC 图案，比例 50

图 5-71 填充 B 立面图

Step10 使用"徒手画（Sketch）"命令绘制电视装饰台面上的大理石材质花纹，结果如图 5-72 所示。

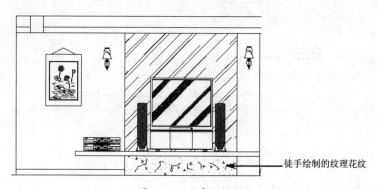

徒手绘制的纹理花纹

图 5-72 徒手绘制纹理

Step11 将"标注"层设为当前层，使用"线性标注"命令和"连续标注"命令对图形进行标注，结果如图 5-73 所示。

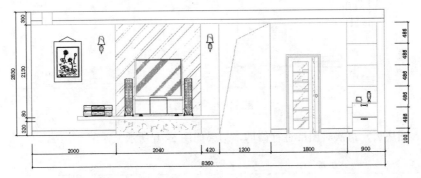

图 5-73　标注 B 立面图形

Step12 将"文字说明"层设为当前层，使用"多重引线"命令，绘制需要文字说明的引线，结合使用"多行文字"和"复制"命令，对图形中各内容的材质进行文字说明，设置文字高度为 120，结果如图 5-74 所示。

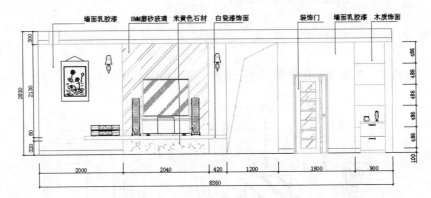

图 5-74　标注文字

Step13 将"图库 .dwg"素材文件中的剖析线符号复制到客厅 B 立面图中，结果如图 5-75 所示。

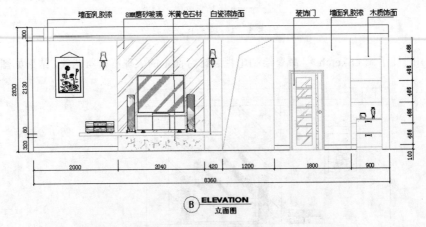

图 5-75　复制剖析线符号

Step14 至此，完成客厅 B 立面图的绘制。

3．绘制餐厅C立面图

绘制餐厅C立面图的内容主要包括：餐桌、挂画、进户门、隔断等装饰物，在绘图过程中可以使用"插入"命令插入常见的图块，其结果如图5-76所示。

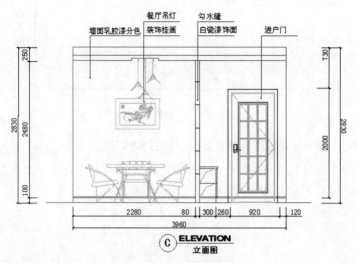

图5-76　餐厅C立面图

Step01 复制A立面图的墙边线。

Step02 在菜单栏中执行"修改"|"拉伸"命令，将图形整体拉伸，操作过程如图5-77所示。命令行操作提示如下：

```
命令：_stretch
以交叉窗口或交叉多边形选择要拉伸的对象 ...
选择对象：指定对角点：找到 0 个
选择对象：指定对角点：找到 3 个
选择对象：↙
指定基点或 [位移 (D)] <位移>：
指定第二个点或 <使用第一个点作为位移>：
>> 输入 ORTHOMODE 的新值 <1>：
正在恢复执行 STRETCH 命令。
指定第二个点或 <使用第一个点作为位移>：4400 ↙
```

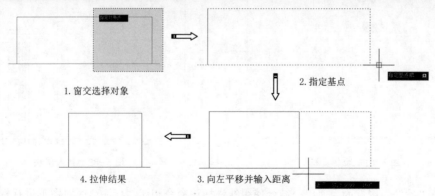

图5-77　拉伸图形

Step03 使用"偏移"命令向右偏移左侧的垂直线段，偏移距离依次为2280mm和80mm。向上偏移水平线段，偏移距离依次为80mm、20mm、2480mm、50mm，如图5-78所示。

图 5-78　绘制偏移直线

Step04 使用"修剪"命令对线段进行修剪处理，如图 5-79 所示。

Step05 使用"偏移"命令将天花外框线向下偏移 200mm，再将左边第一条垂直线向右依次偏移 150mm 和 500mm，如图 5-80 所示。

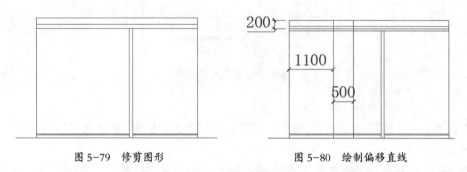

图 5-79　修剪图形　　　　　　　　图 5-80　绘制偏移直线

Step06 使用"修剪"命令对线段进行修剪处理，绘制出餐厅的灯槽图形。

Step07 使用"偏移"命令和"尺寸约束"功能绘制装饰隔板的造型，其尺寸和结果如图 5-81 所示。

Step08 在立面图中插入"图库 .dwg"素材文件中的餐桌立面装饰画图块、面图块、门立面图块、灯具图块，结果如图 5-82 所示。

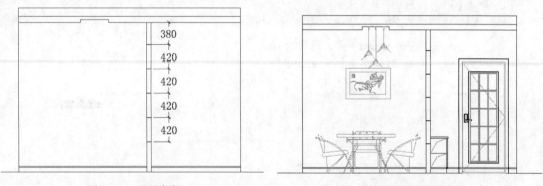

图 5-81　绘制直线　　　　　　　　图 5-82　插入图块

Step09 将"标注"层设为当前层，结合使用线性标注命令和连续标注命令对图形进行标注。

Step10 将"文字说明"层设为当前层，使用"多重引线"命令创建文字说明，然后将剖析线符号复制到餐厅 C 立面图中，完成餐厅 C 立面图的绘制。

Step11 最终餐厅 C 立面图完成结果，如图 5-83 所示。

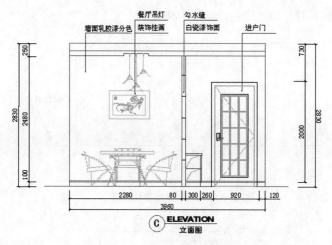

图 5-83 绘制完成的餐厅 C 立面图

动手操作：绘制卧室立面图

卧室立面图展示了卧室中衣柜、床、灯具等元素的设计方案，卧室立面图如图 5-84 所示。

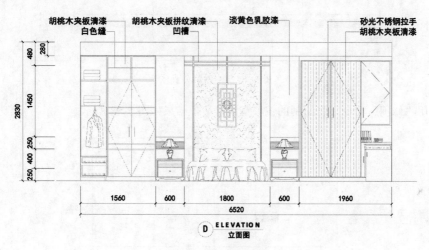

图 5-84 卧室立面图

Step01 新建文件，并另存为"某户型卧室立面图 .dwg"。

Step02 使用"直线"命令，绘制如图 5-85 所示的 6520×2830 的矩形。

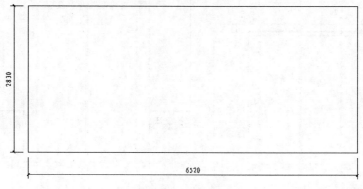

图 5-85 绘制矩形

Step03 利用夹点模式，拉长底边直线，如图 5-86 所示。

图 5-86　拉长底边

Step04 使用"偏移"命令，绘制如图 5-87 所示的偏移直线。

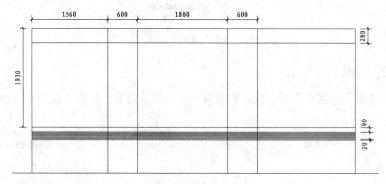

图 5-87　绘制偏移直线

Step05 使用"修剪"命令，将绘制的偏移直线修剪，结果如图 5-88 所示。

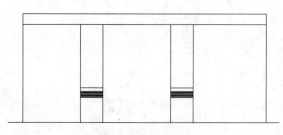

图 5-88　修剪直线

Step06 使用"直线""偏移""镜像""修剪"命令，绘制如图 5-89 所示的木条装饰图形。

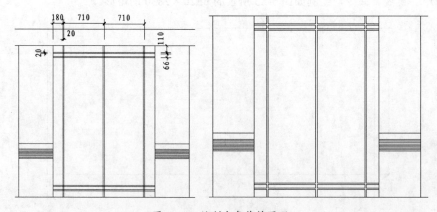

图 5-89　绘制木条装饰图形

Step07 从光盘中将"图库 .dwg"素材文件中的衣柜、床、床头柜、台灯、写字桌等图块插入到立面图中，结果如图 5-90 所示。

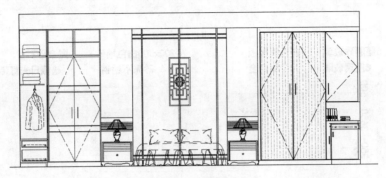

图 5-90　插入图块

Step08 使用"修剪"命令，将立面图与图块重合的图线修剪掉，结果如图 5-91 所示。

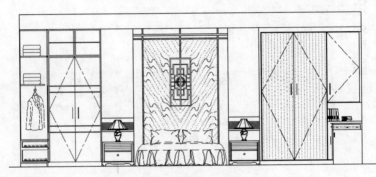

图 5-91　修剪图形

Step09 使用"线性标注"命令和"连续标注"命令对图形进行标注。

Step10 使用"多重引线"命令创建文字说明，并将剖析线符号复制到卧室立面图中。

Step11 最终卧室立面图完成结果如图 5-92 所示。

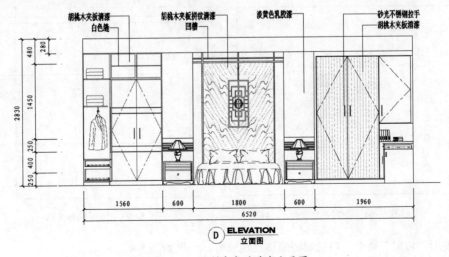

图 5-92　绘制完成的卧室立面图

Step12 最后将绘制完成的结果保存。

动手操作：绘制厨房立面图

厨房立面图中展现了厨具、橱柜、灯具及抽油烟机等元素的布置方案，本例中厨房立面图如图5-93所示。

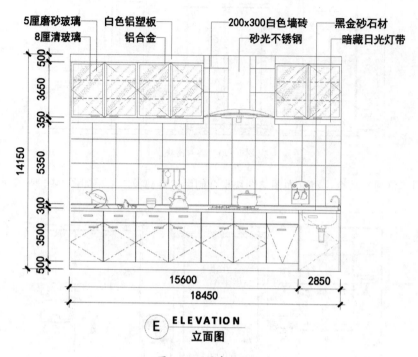

图 5-93　厨房立面图

Step01 新建文件，并另存为"某户型厨房立面图.dwg"。

Step02 使用"直线"命令，绘制如图5-94所示的3690×2830的矩形。

Step03 使用"偏移"命令，绘制出如图5-95所示的偏移直线。

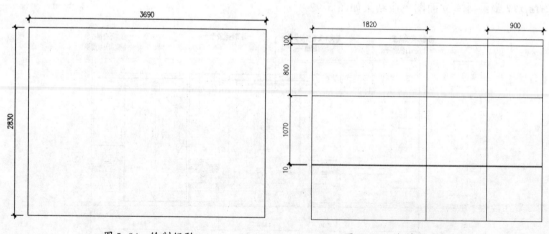

图 5-94　绘制矩形　　　　　　　　　　图 5-95　绘制偏移直线

Step04 使用"修剪"命令，将绘制的偏移直线修剪，结果如图5-96所示。

Step05 从光盘中将"图库.dwg"素材文件中的衣柜、床、床头柜、台灯、写字桌等图块插入到立面图中，结果如图5-97所示。

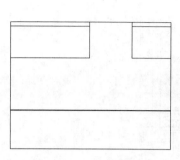

图 5-96　修剪直线

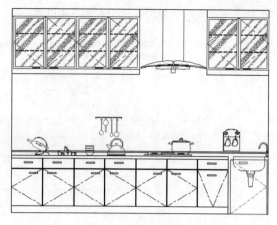

图 5-97　插入图块

Step06 使用"修剪"命令将立面图与图块重合的图线修剪，结果如图 5-98 所示。

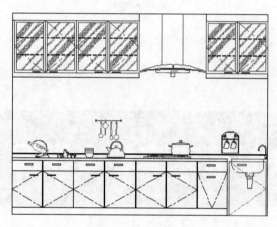

图 5-98　修剪图形

Step07 使用"填充"命令，选择 NET 图案，比例为 80，对厨房立面图进行填充，结果如图 5-99 所示。

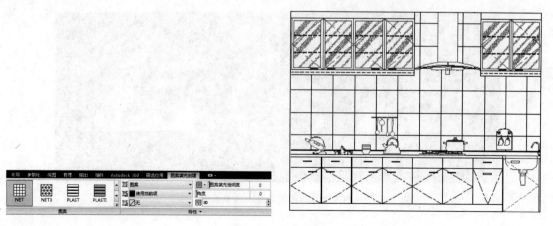

图 5-99　填充图案

Step08 使用"线性标注"命令和"连续标注"命令对图形进行标注。

Step09 使用"多重引线"命令创建文字说明，并将剖析线符号复制到厨房立面图中。

Step10 最终完成厨房立面图，结果如图 5-100 所示。

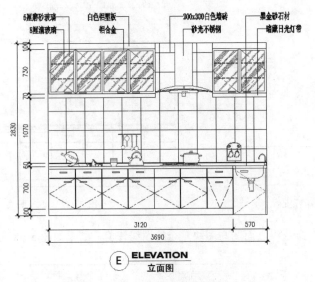

图 5-100　绘制完成的厨房立面图

Step11 最后将绘制完成的结果保存。

5.3 绘制某宾馆总合详图

绘制某宾馆的总台详图。详图是以室内立面图作为绘制基础的，本案例的宾馆总台三维效果图如图 5-101 所示。

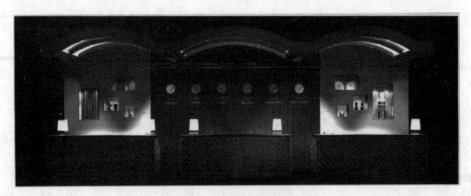

图 5-101　宾馆总台三维效果图

动手操作：绘制总台 A 剖面图

绘制 A 剖面图，首先要在总台外立面图中做出剖面符号，然后根据高、平、齐的原理绘制出 A 剖面图中的轮廓。总台外立面图如图 5-102 所示。

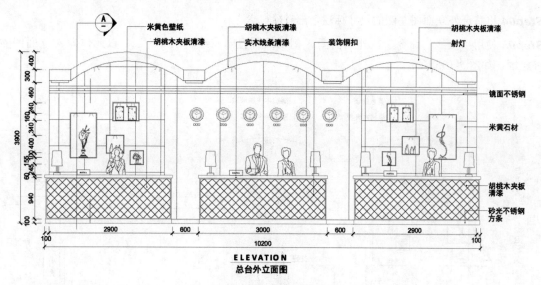

图 5-102　总台外立面图

需要绘制的 A 剖面图，如图 5-103 所示。

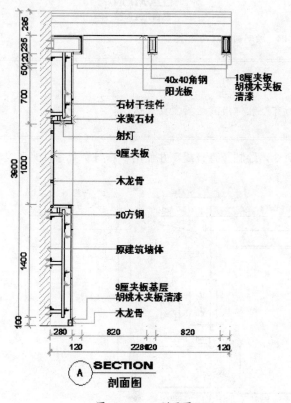

图 5-103　A 剖面图

Step01 从本例源文件夹中复制"总台外立面图 .dwg"文件，重命名为"总台 A 立面图"。

Step02 打开重命名后的"总台 A 立面图 .dwg"文件。

Step03 将原始文件的"总台详图图库 .dwg"中的 A 剖面符号复制到"总台 A 立面图 .dwg"图形中，并使用"直线"命令，绘制剖切线，如图 5-104 所示。

Step04 将总台外立面图左侧的尺寸标注全部删除。

Step05 使用"直线"命令，从外立面图 A 剖切线位置向左绘制水平直线，以此作为 A 立面图的外轮廓，如图 5-105 所示。

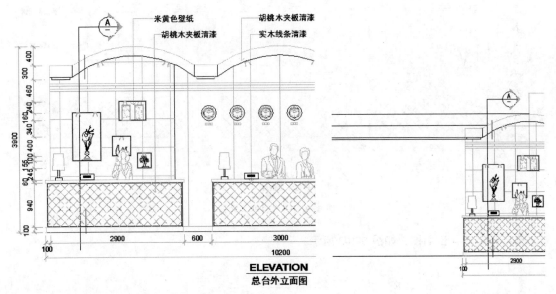

图 5-104　绘制剖切线及符号　　　　　　　　　　　　　　　图 5-105　绘制水平直线

技术要点：

从此处剖切是因为有个装饰门洞结构需要表达。

Step06 使用"直线"命令，绘制竖直直线，并使用"修剪"命令修剪直线，结果如图 5-106 所示。

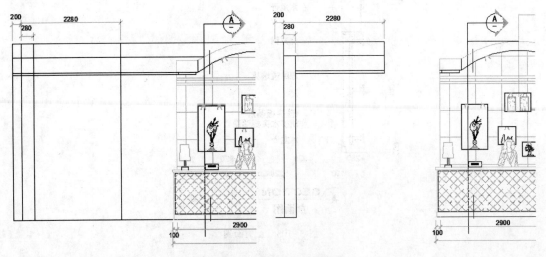

图 5-106　绘制竖直直线并修剪

Step07 使用"矩形"命令，绘制如图 5-107 所示的矩形。

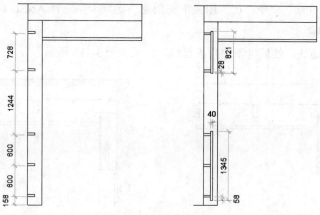

图 5-107 绘制矩形

Step08 使用"直线"命令,绘制如图 5-108 所示的直线。

Step09 使用"偏移"命令,绘制如图 5-109 所示的偏移直线。

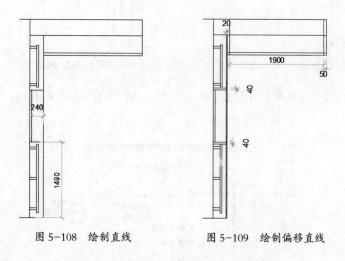

图 5-108 绘制直线　　　　　图 5-109 绘制偏移直线

Step10 使用"偏移"命令,对图形进行修剪,结果如图 5-110 所示。

Step11 从本例源文件的"总台详图图库 .dwg"文件中将图块全部复制到当前图形中,放置图块的结果如图 5-111 所示。

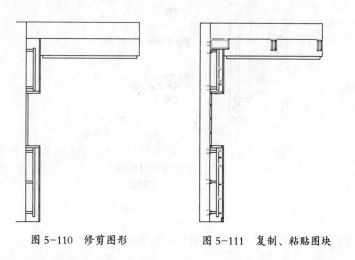

图 5-110 修剪图形　　　　图 5-111 复制、粘贴图块

Step12 使用"图案填充"命令，在"图案填充创建"选项卡中选择 ANSI31 图案，比例为 400，填充的图案如图 5-112 所示。

Step13 删除左侧的边线，然后再添加几条直线，结果如图 5-113 所示。

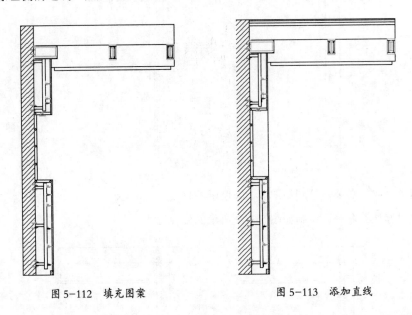

图 5-112　填充图案　　　　　　　　　　　图 5-113　添加直线

Step14 图形绘制完成后，使用尺寸标注、引线和文字功能，对图形进行标注，标注完成的结果如图 5-114 所示。

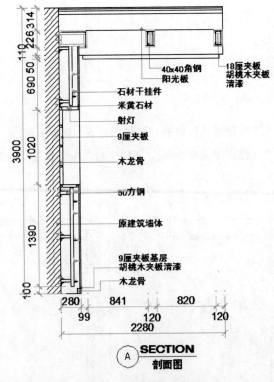

图 5-114　图形标注结果

Step15 至此，总台 A 剖面图已绘制完成，最后将结果保存。

动手操作：绘制总台 B 剖面图

总台 B 剖面图是以总台内立面图为基础而创建的，即在内立面图中创建剖切位置。总台内立面图如图 5-115 所示。

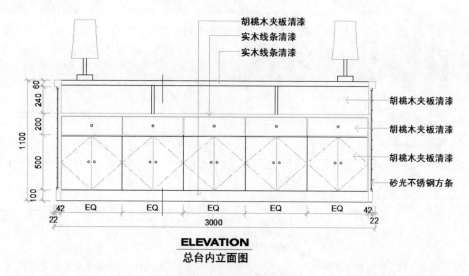

图 5-115 总台内立面图

Step01 从本例光盘中将"总台内立面图 .dwg"文件复制，并重命名为"总台 B 立面图"。

Step02 打开重命名后的"总台 B 立面图 .dwg"文件。

Step03 从源文件的"总台详图图库 .dwg"中，将 B 剖面符号复制到"总台 B 立面图 .dwg"图形中，并使用"直线"命令，绘制剖切线，如图 5-116 所示。

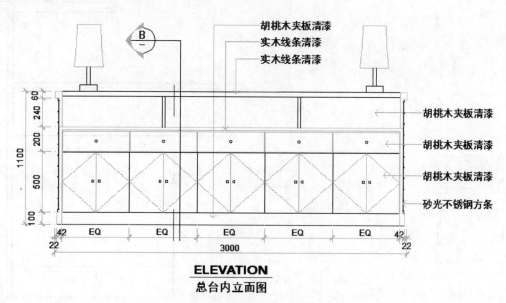

图 5-116 绘制剖切线及符号

Step04 将总台外立面图左侧的尺寸标注全部删除。

Step05 使用"直线"命令，从外立面图 A 剖切线位置向左绘制水平直线，以此作为 A 立面图的外轮廓，如图 5-117 所示。

技术要点：

从此处剖切是因为有一个装饰门洞结构需要表达。

Step06 使用"直线"命令，绘制竖直直线，结果如图 5-118 所示。

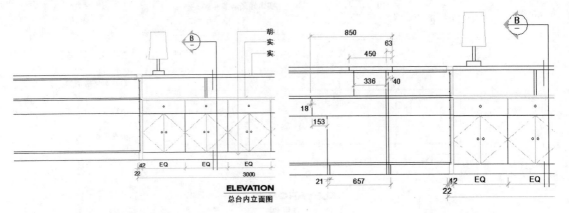

图 5-117　绘制水平直线 　　　　　　　　　图 5-118　绘制竖直直线并修剪

Step07 使用"修剪"命令修剪直线，结果如图 5-119 所示。

Step08 使用"偏移"命令，绘制如图 5-120 所示的偏移直线，使用"实体夹点"编辑模式，拉长偏移直线。

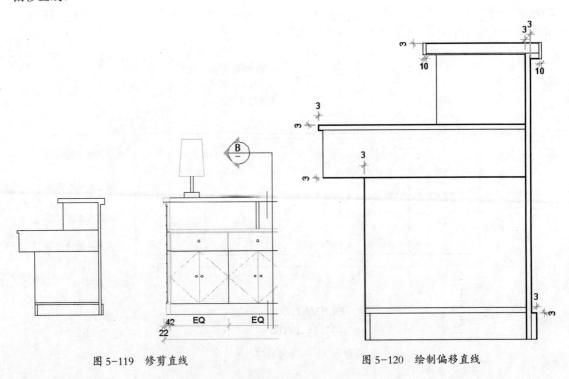

图 5-119　修剪直线 　　　　　　　　　　　图 5-120　绘制偏移直线

Step09 将总台内立面图左侧的装饰条截面图形进行镜像，结果如图 5-121 所示。

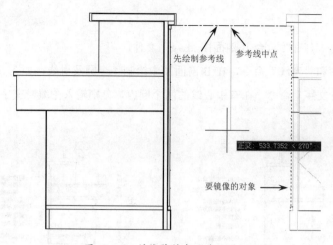

图 5-121 镜像装饰条纹截面图形

Step10 从本例光盘源文件的"总台详图图库.dwg"文件中,将 B 剖面图图块全部复制到当前图形中,放置图块的结果如图 5-122 所示。

Step11 从总体内立面图中复制台灯图形至 B 剖面图中,如图 5-123 所示。

Step12 图形绘制完成后,使用尺寸标注、引线和文字功能,对图形进行标注,标注完成的结果如图 5-124 所示。

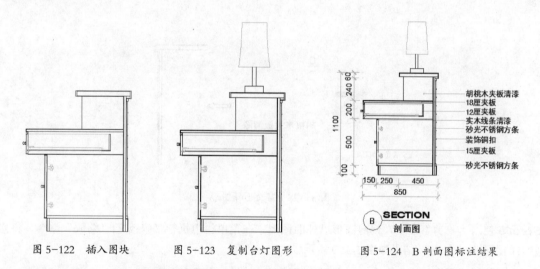

图 5-122 插入图块   图 5-123 复制台灯图形   图 5-124 B 剖面图标注结果

Step13 至此,总台 B 剖面图已绘制完成,最后将结果进行保存。

动手操作: 绘制总台 B 剖面图的 C、D 大样图

C、D 大样图是总台 B 剖面图的两个局部放大图,如图 5-125 所示。下面介绍绘制过程。

图 5-125 D、E 大样图

1. 绘制 C 大样图

Step01 从本例光盘中打开"总台 B 剖面图 .dwg"文件。

Step02 使用"圆"和"直线"命令，在 B 剖面图中绘制 4 个圆及引线，如图 5-126 所示。

Step03 使用"单行文字"命令，在有中心线的两个圆内，分别输入图编号文字，如图 5-127 所示。

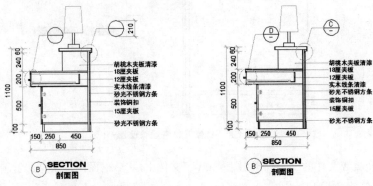

图 5-126 在 B 剖面图中绘制圆和引线   图 5-127 输入大样图编号

Step04 利用窗交选择图形的方式，选择 C 编号所在位置的图形，并复制、粘贴至 B 剖面图外，如图 5-128 所示。

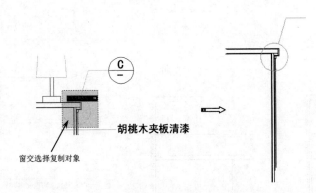

图 5-128 窗交选择图形

Step05 使用"修剪"命令，修剪圆形以外的图形。在菜单栏中执行"修改"|"缩放"命令，将修剪后的图形放大 4 倍，结果如图 5-129 所示。

Step06 使用"图案填充"命令，对图形进行填充，结果如图 5-130 所示。

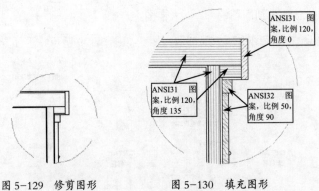

图 5-129 修剪图形   图 5-130 填充图形

Step07 使用"多重引线"和"单行文字"命令，在图形中创建文字注释。引线箭头为"点"，单行文字的高度为 60。

Step08 最后在"总台详图图库"中将 C 大样图图号、图名复制到当前图形中。至此，基于总台 B 剖面图的 C 大样图绘制完成。

2．绘制 D 大样图

Step01 在 B 剖面图中将标号 B 的部分进行窗交选择，并使用"复制"命令将其复制、粘贴到 B 剖面图外，结果如图 5-131 所示。

Step02 使用"修剪"命令，修剪圆形以外的图形。在菜单栏中执行"修改"|"缩放"命令，将修剪后的图形放大 4 倍，结果如图 5-132 所示。

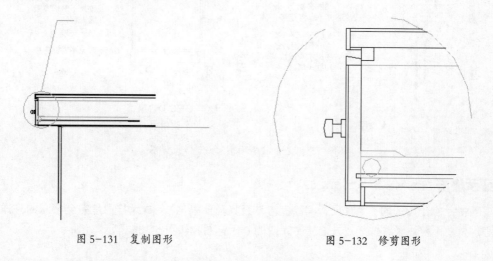

图 5-131　复制图形　　　　　　　　　　图 5-132　修剪图形

Step03 使用"图案填充"命令，对图形进行填充，结果如图 5-133 所示。

Step04 使用"多重引线"和"单行文字"命令，在图形中创建文字注释。引线箭头为"点"，单行文字的高度为 60。

Step05 在"总台详图图库"中，将 D 大样图图号、图名复制到当前图形中。至此，基于总台 B 剖面图的 D 大样图绘制完成，如图 5-134 所示。

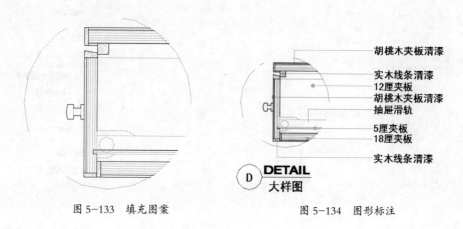

图 5-133　填充图案　　　　　　　　　　图 5-134　图形标注

Step06 绘制完成的 C、D 大样图及 B 剖面图，如图 5-135 所示。

Step07 最后将结果保存。

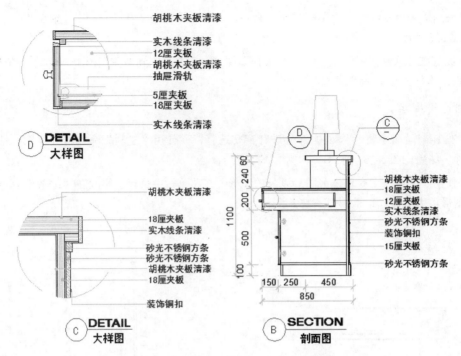

图 5-135　总台 B 剖面图及 C、D 大样图

动手操作：绘制总台 A 剖面图的 E 大样图

基于总台 A 剖面图的 E 大样图，其绘制方法及操作步骤与 C、D 大样图是完全相同的，详细绘图过程这里就不赘述了。按上述方法绘制完成的 E 大样图，如图 5-136 所示。

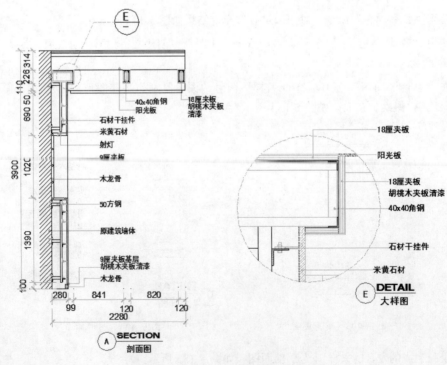

图 5-136　基于总台 A 剖面图的 E 大样图

房型改造装修方案设计

　　随着二手房市场的升温，二手房装修也成了市场热点。二手房装修的内容一般包括基础的水电线改造、墙面翻新、吊顶处理、地板翻新、门窗翻新等基础工程。由于建筑时间过久，很多二手房在拆改的过程中极易出现问题，给施工造成了一定的影响。

　　本章我们将就此问题展开探讨，希望能帮助大家提高方案的分析与设计能力。

※ 二手房改造装修设计要点
※ 小户型改造装修一室变两室案例

6.1 二手房改造装修设计要点

"二次装修"对于许多人来讲是一件比较头痛、麻烦的事，因为它涉及的问题比新房要多，改动起来就要脱胎换骨，尤其重要的是隐蔽工程和墙体改动后的处理，但是，只要在设计时考虑全面、合理，就能够成功地使老房旧貌换新颜。

设计师认为，此类房屋装修的关键点在于，水路改造、电路改造、墙体改造、防水工程等。同时，要注重空间设计的合理、有效，以及色彩搭配。

6.1.1 何为"二手房"

"二手房"是已经在房地产交易中心备过案、完成初始登记和总登记的、再次上市进行交易的房产。

新建的商品房进行第一次交易时为"一手"，再次交易则为"二手"。因此，"二手房"是相对于开发商手中的商品房而言的。凡产权明晰、经过一手买卖之后再上市交易的房产均被称为"二手房"。包括商品房、允许上市交易的二手公房（房改房）、解困房、拆迁房、自建房、经济适用房、限价房。有些无房的人，可以买一套别人多余的房；而另一些手里有些积蓄又有小房子居住的人，可以卖掉旧房买新房；而那些住房富余户，也能卖掉自己的多余住房换取收益。

6.1.2 二手房装修技巧

相对于新房装修，二手房装修无疑在设计和施工上都增加了难度。老房子有很多的结构与新房子有很大差别，如果结构比较老，倘若大家没有对房子有足够的了解，匆忙装修之后入住，就会发现各种各样的问题纷至沓来，例如漏水、墙体开裂等问题，所以二手房装修时需要注意的问题很多。

1. 旧楼翻新改造

在家装过程中，有些旧房子所使用的材料有很多都已更新换代为环保材料，如遇以下情况最好更换。原墙面、顶面基层是沙灰墙的需铲除重做水泥抹灰基层。旧房电路老化需更换，由于现代生活电器使用较多，更换的电线需符合国家标准，施工时需套镀锌铁管。电线铺装时需按新设计方案分路布置，一般分为照明、低位插座、高位插座、弱电。

老房的原装修一般使用的都是亲水的石膏类腻子，需彻底铲除后改用耐水腻子。在征得物业同意的情况下，可以更换外窗，现在一般选用的都是塑钢窗和铝合金窗。老房水路多使用镀锌铁管和铝塑管，已满足不了现代生活的需要，水路镀锌铁管易腐蚀，对人体健康有害，已被国家禁止使用；铝塑管管件易脱落，渗水造成后期使用隐患。故现在多使用 PPR 管，新管路施工完毕后需要打压实验。

2．地板表层厚度有要求

地板翻新就是通过对地板表层进行打磨、刮腻子、上漆、上蜡抛光，使旧地板恢复如新。和重新购买地板相比，旧地板适应了室内环境，稳定性更好，翻新造价也要便宜很多。但据搜房网专家介绍，并不是所有的地板都能进行翻新。强化地板表面有一层三氧化二铝耐磨层，翻新地板会破坏其耐磨层，造成地板老化加剧，所以强化地板不能翻新。只有表层厚度达到4毫米的实木地板、实木复合地板和竹地板才能进行翻新。因为地板表层经过数次打磨后，会被打磨掉1～2mm，如果地板表层太薄，就会打磨出中间层，从而影响地板使用寿命。

3．内外墙翻新改造

以前的房子户型结构往往不是很好，所以一些业主在购买二手房的时候，已经在谋划着要修改房屋的结构，在哪添加玄关、打通一堵墙等，因为城市中的多层住宅多是砖混结构的，所以墙体首先是承重抗震构件，其次才是围护分隔构件。如果为了扩大空间打断承重墙，将造成墙体构件的承重和抗震能力减弱，留下严重的隐患，所以随意拆改结构可能带来种种麻烦，例如墙裂、塌陷，以及电路不通等问题。

4．内外墙翻新改造方案节俭的新招

不要以为二手房已经有前面的业主住过，防水方面就不会出问题，实际上经常会有人在搬进二手房之后因为漏水被下层的业主投诉。因为房子的年代过久或者原本的防水做得不好，不少二手房的卫浴空间都有漏水的现象。

建议大家在搬入二手房之前，最好在卫浴空间做一个闭水试验，检查以前的防水处理做得如何。在测试之前最好与楼下邻居打招呼，万一真的漏水，也可以取得邻居的理解和配合。如果有问题，一定要重新做防水，然后再开始贴瓷砖。

5．水电路、燃气管线老化严重

因为以前的材质没有现在的先进，而且加上年代比较久，所以很多二手房都存在水电路老化的问题，若是事前没有进行仔细检查，很可能没住多长时间，电灯不亮了，水管又爆裂了。水电路改造是旧房改造最复杂的项目之一。装修前要仔细检查原有水路、燃气管线是否锈蚀、老化，水管应该重新换成铜管或PPR管。对于燃气管道这样具有危险性的管道，最好请专业人士进行检测。

6．新刷墙面频频掉漆

为什么二手房选用名牌漆，新刷的墙面还是频频掉漆，其解决方法是粉刷之前要打好底子，直接就往墙上刷漆的方式是欠妥当的，一般都要将原有的一些斑驳的旧漆面去掉，然后在新的界面上开始粉刷，包括防水的底等，最好请专业的施工人员，这样能更好地保障今后的使用效果。

7．插座太少不便使用

有些朋友简单装修一下就搬进了二手房，但是随后就会发现，很多电器找不到插座，只好多买一些活动插座，但是太多的线路纠结在一起让人看着心烦。

现代生活，家用电器越来越多，对于插座的需求也在增加，旧房子在插座的设计方面往往难以达到现在的使用需求。因此装修时不妨多预留一些插座，方便今后的使用。

8．阳台改厨房油烟惹人嫌

为了拓宽使用面积，有些业主会将向北的阳台封闭起来，改成厨房，然后将原来的厨房做成储物间或其他用途。但是一旦真正住进来之后，会发现只要一开始做饭，整个家中都是油烟味。

6.1.3　二手房的改造方案

旧房的整旧如新所涉及的问题比新房多，但是价值是巨大的，改动起来就要脱胎换骨，尤其重要的是隐蔽工程和墙体改动后的处理，但是，只要在设计时考虑全面、合理，就能够成功地旧貌换新颜。

此类房子装修的关键点在于，水路改造、电路改造、墙体改造、防水工程。同时，要注重空间设计的合理、有效、色彩搭配。

下面介绍几种二手房改造设计的方案。

1．打通客厅与餐厅的隔断墙

让房主在空间中居住得舒适，看上去舒服，这是装修之前首先要考虑的问题。空间舒适就是空间的功能和表现形式两方面的优化整合。

大多数旧楼都采用传统的砖混结构，而非现在常见的框架结构，所以在改动的时候，不能随意破坏原结构。不过经过专业施工队改造后，这栋旧楼重新获得了新生。

如图 6-1 所示的旧房，整体改造大方舒适、风格统一，特别值得一提的是，它打通了原客厅与餐厅之间的隔断，无形中扩大了客厅和餐厅，通透而开阔，通过巧妙的设计，并不让人感到压抑，并且充满了家的温馨感觉、自然和谐。

图 6-1　打通客厅与餐厅的隔断墙

2．将衣帽间改为保姆间兼储物间

这是一套面积达 153m² 的三室二厅二卫的改造方案，户型图如图 6-2 所示。

图 6-2　三室二厅二卫户型

　　由于此套住宅内要居住房主五口人和一位保姆，把位于进门的衣帽间改成保姆间兼储物间。为了使保姆间空气流通，将原衣帽间的轻体墙拆除，下半部分是鞋柜，上半部分则装饰一条空格窗花，而中间部分起到穿衣镜的作用。

　　为体现素雅中式风格的朴实与稳重，色调以白色和泰柚擦色的红色为主调，同时不失对比。采光在隔断式家具布局中很关键，隔断时对昏暗部分加上适当灯光，从而解决局部照明问题，如图6-3所示。

图 6-3　将衣帽间改为保姆间兼储物间

3. 打破"刀把"户型

　　这是一套面积为 60m² 的两居室，此房是常见的老式"刀把"户型：一进门是窄窄的门厅，门厅旁边是厨房和餐厅，然后是书房，如图6-4所示。

图 6-4　"刀把"户型

这种结构最大的缺点就是空间狭小，于是，在二次装修中，重点就落到了户型的改造上。首先，把厨房和门厅，以及书房之间的隔断墙全部打掉，做成了开放式厨房，拓展了厨房的空间，让厨房的自然采光更好。对于卧室的改造，采用桠口和滑动门来把卧室和其他空间区别开，增加了空间的流动感。改造后的效果，如图 6-5 所示。

图 6-5　打破"刀把"户型

4．制作局部吊顶"增加"层高

相对日渐成熟的新户型，旧居就有太多的不合理之处。层高不足的，可以用局部的墙顶面及灯光处理使之改变。例如餐区可做一面至顶的墙，又从顶延伸出来一面与餐桌同宽或少于餐桌尺寸的色彩墙，出现一个局部顶，可嵌 3 个筒灯，用调光开关控制，如图 6-6 所示。

图 6-6　制作局部吊顶

　　或使用一个纸质或铝质的单枝吊灯，这更加适合两个人的世界。居室的布置尽可能简化，旧家具能用就用，挑几件简洁、明快的收纳功能强的家具。

5．扩大餐区，丰富起居室

　　此方案是老房子重新装修时的一大改动，根据房间的整体布局，把客厅与厨房相连的原有墙体拆除，在此位置增设了餐区，使原平面空间不足的餐厅得到明显改善，厨房和餐厅区域扩大，同时也丰富了起居室的空间内容，如图 6-7 所示。

图 6-7　扩大餐区，丰富起居室

6.2 小户型改造装修一室变两室案例

　　具有相对完全的配套及功能齐全的"小面积住宅"，就是小户型，如图 6-8 所示。

图 6-8　经典小户型

6.2.1　方案分析与图纸绘制

本例是将典型的一室一厨一卫的小户型，改造成两室一厅的布局，堪称"装修改造设计"的经典之作。

◆　户主信息：三口之家，一对夫妻，男主人 35 岁，女主人 32 岁，女儿 6 岁上小学一年级。

◆　户主要求：原来的户型一室三口人住着不方便，材料一定要环保。要给孩子增加一间儿童房，同时尽量将房子的功能集成化。

改造前的原始户型图如图 6-9 所示。根据业主的要求，做出如下改造。

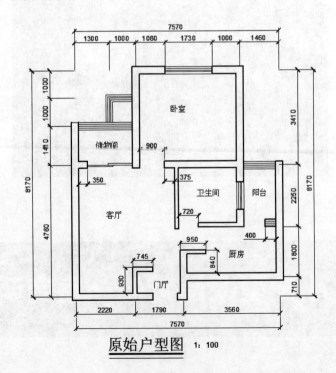

原始户型图　1：100

图 6-9　原始户型图

◆ 打掉储物间与客厅的隔断墙，隔出 $5m^2$ 的空间用作儿童房。

◆ 打掉门厅与客厅的隔断墙，使客厅空间增大。

◆ 将客厅布置成客厅、餐厅与书房的结合体。

◆ 封堵卫生间与厨房相连的门，将门向客厅。

◆ 打掉卫生间与客厅的部分隔断墙，新开卫生间门。

◆ 将原卫生间隔断，成为新卫生间和沐浴室的集合体。

◆ 打掉厨房与客厅之间的隔断墙。

◆ 在厨房与阳台之间重砌隔断墙，使阳台变成储物间。

经过一系列的精心改造和布置，终于达到户主的要求。改造后的户型结构图，如图 6-10 所示。

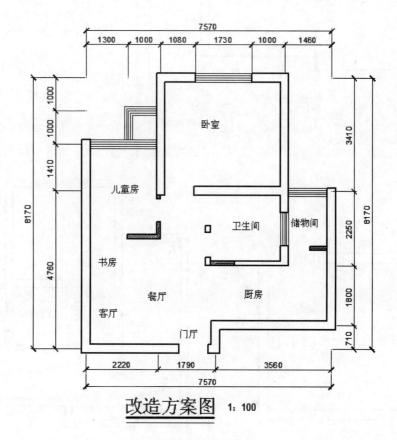

图 6-10　改造方案图

按照图 6-9 的原始户型图，绘制完成后将其保存。原始户型图的绘制操作过程，读者可以参考本书前面第 3 章中所介绍的方法来完成，这里就不再阐述了。

动手操作：绘制改造方案户型图

改造方案户型图在原始户型图的基础上进行绘制，下面介绍绘制过程与方法。

Step01 从本例光盘中打开源文件"原始户型图.dwg"。

Step02 在原始户型图中按要求删除部分墙体，如图 6-11 所示。

Step03 首先将客厅隔断，以此打造出儿童房空间。使用"矩形"命令，绘制出如图 6-12 所示的墙体轮廓。

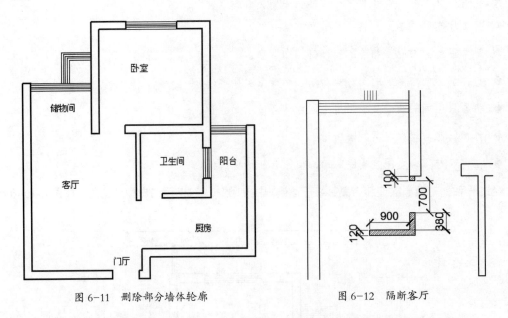

图 6-11　删除部分墙体轮廓　　　　　　　　图 6-12　隔断客厅

Step04 在卫生间及厨房打断墙和封堵墙，利用"矩形"命令绘制的轮廓线，如图 6-13 所示。

Step05 将图名更改为"改造方案图"，完成了改造方案图的绘制，结果如图 6-14 所示。

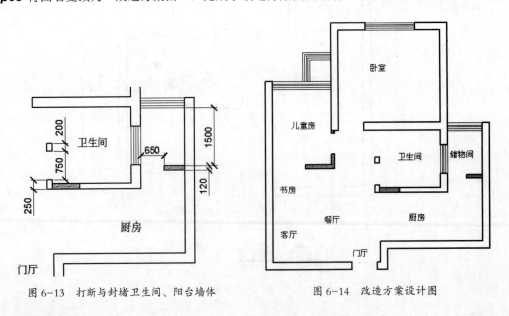

图 6-13　打断与封堵卫生间、阳台墙体　　　　图 6-14　改造方案设计图

Step06 最后将结果保存。

动手操作：绘制平面布置图

按照户主的装修要求，现在为改造的方案绘制平面布置图。

Step01 复制、粘贴改造方案图，将其重命名为"平面布置图"，以此作为平面布置图的蓝本。

Step02 使用"矩形""圆弧""直线"命令，在平面布置图中绘制门、门轨迹、立柜、衣柜等平面图形，结果如图 6-15 所示。

技术要点：

门的厚度一般为50mm，门的宽度与门框的宽度相同，门轨迹半径为门的宽度。鉴于儿童房的空间限制，儿童房的门设计为滑动门。储物间与厨房均不开设门，其目的是为了让室内空间更宽敞、明亮。

Step03 使用"矩形""直线"命令，在卫生间与沐浴室之间绘制铝合金双拉滑动玻璃门，如图6-16所示。

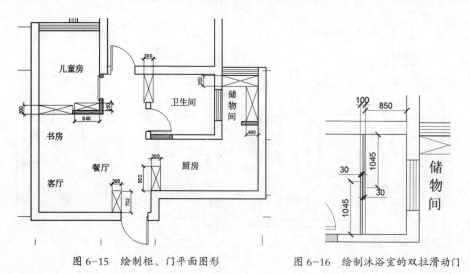

图 6-15　绘制柜、门平面图形　　　　图 6-16　绘制沐浴室的双拉滑动门

Step04 从光盘的"一室变两室图库.dwg"文件中，将所有家具、卫生洁具、电器产品等图块插入到当前的平面布置图中，结果如图6-17所示。

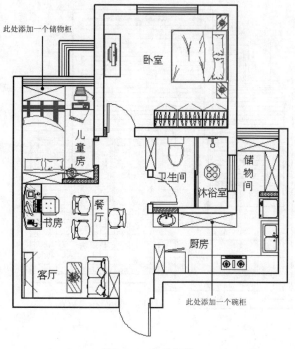

图 6-17　布置家居

Step05 至此，完成了平面布置图的绘制。

动手操作： 绘制地材图

地材图就是地面铺装图，其以平面布置图作为基础，进而利用 AutoCAD 的图案填充功能，对户型房间进行铺装。

Step01 复制平面布置图，并重命名为"地面铺装图"。除儿童房、卫生间的隔断外，将地面铺装图中的其他家居布置全部删除，结果如图 6-18 所示。

Step02 使用"直线"命令，绘制铺装分界线，如图 6-19 所示。

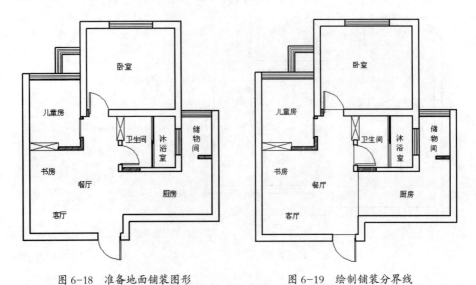

图 6-18　准备地面铺装图形　　　　　图 6-19　绘制铺装分界线

Step03 使用"图案填充"命令，对户型房间进行填充，结果如图 6-20 所示。

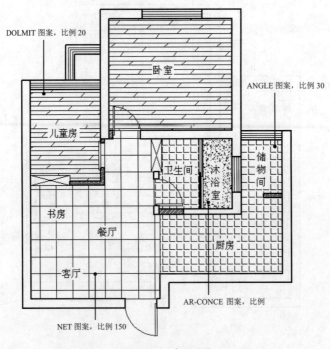

图 6-20　填充图案

Step04 至此，地面铺装绘制完成。整个户型改造方案设计全部结束，最后将设计图纸保存。

6.2.2　改造方案效果图欣赏

为了让读者更清楚前面的改造方案，下面展示各个房间的 3D 效果图。

1．儿童房效果图

从客厅隔出来5m²作为儿童房,体现了业主的基本要求,把一室变为两室,效果图如图6-21所示。

图 6-21　儿童房

2．卧室

卧室中，衣柜的材质为杉木指接板，背板为樟木板，不生虫。卧室布置清晰、舒适，效果图如图 6-22 所示。

图 6-22　卧室

3．客厅、餐厅和书房的巧妙结合

客厅、餐厅、书房的巧妙结合，把一厅变为两厅，恰到好处。效果图如图 6-23 所示。

图 6-23　客厅、餐厅和书房

4．书房书架与儿童房是共用的

　　书房的书架柜与儿童房共用。书柜上层摆放书与其他装饰；而儿童房一侧，书柜下方改成了孩子的床头柜，如图 6-24 所示。

图 6-24　书房书柜与儿童房共用

5．走廊的格子空间

错落有致的格子空间，使走廊与卫生间左右相连。格子周边则以小百叶窗来装饰，如图 6-25 所示。

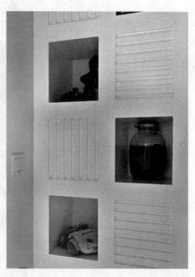

图 6-25　走廊的格子空间

6．卫生间的格子空间

卫生间的格子可以摆放一些书籍等物品，走廊的格子则可以摆放一些心仪的物品为空间增色，如图 6-26 所示。

图 6-26　卫生间的格子空间

7．卫生间与沐浴室

卫生间与沐浴室之间为玻璃滑动门，这种布置是现在许多户型设计中经常出现的，洗澡与如厕皆方便，也节省了空间。效果图如图 6-27 所示。

图 6-27　卫生间与沐浴室

8.盥洗台

盥洗台本应布置在卫生间，但由于卫生间的空间不够，则将其位置挪到了厨房与走廊的转角。这样一来，也可用作厨房的洗手盆，实在巧妙。效果图如图 6-28 所示。

图 6-28　盥洗台

9.厨房

将厨房与客厅的隔断墙打断后，厨房变得通畅、明亮了，形成一个完全敞开式的厨房，局部效果图如图 6-29 所示。

图 6-29 厨房局部效果

厨房整体效果图，如图 6-30 所示。

图 6-30 厨房整体效果图

绘制2D与3D装修效果图

利用计算机进行图像设计，已经形成一种发展趋势，这是科学技术发展的必然结果。在计算机设计行业中，建筑效果图的制作逐渐成为了一个独立的分支，在此领域中我们能够借助计算机硬件，并配合功能强大的计算机软件，轻松而真实地再现室内设计师的创意。

本章将详细介绍Autodesk公司的Homestyler美家达人网络在线设计工具在室内装修效果图设计中的应用。

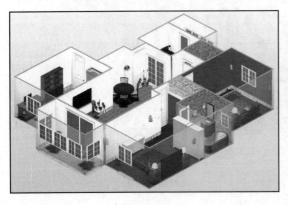

※ 室内装修效果图
※ "美家达人"在线设计工具
※ "创建设计"页面的操作
※ 2D与3D装修效果图绘制练习

7.1 室内装修效果图

室内装修设计效果图，也称"室内装修设计表现图"或"室内装修设计透视图"，它是室内设计整体工程图纸中的一种。

通过对物体的造型、结构、色彩、质感等诸多因素的忠实表现，真实地再现设计师的创意，从而沟通设计师与观者之间视觉语言的联系，使人们更清楚地了解设计的各项性能、构造、材料、结合方法等之间的关系。

如图 7-1 所示为在 Homestyler 美家达人网页中展现的 3D 效果图。

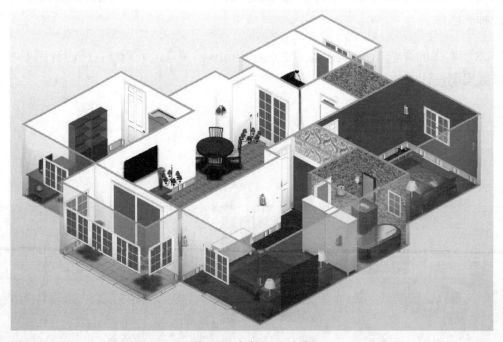

图 7-1　室内 3D 效果图

7.1.1　室内装修效果图手绘表现

室内装修效果图的手绘表现种类很多，例如水粉画、水彩画、钢笔画、喷绘画，以及马克笔画等。无论何种手绘方式都有其独特的艺术感染力。然而，如果能将各种画法的特点合理地综合于效果图中，将会大大提高设计的表现力，同时，为设计师形成自己的表现风格提供了广阔的空间。

1．水粉

水粉画成为各类效果图表现技法中运用得最普遍的一种，如图7-2所示。表现技法大致分干、湿（或厚、薄）两种画法，或者干湿两种画法相结合使用。

◆ 湿画法：湿是指先在图纸上涂清水后着色，或者指调混颜料时用水较多，适用于表现大面积的底色（墙面或地面等）和表现颜色之间的衔接、浸润的地方。

◆ 干画法：并非不用水，只是水分较少、颜色较厚而已。其特点是：画面笔触清晰、肯定，色泽饱和、明快，形象描绘具体、深入。但如果处理不当，笔触过于凌乱，也会破坏画面的空间感和整体感。

图7-2 室内、外水粉画效果图

2．水彩

水彩渲染是建筑画中常用的一种技法，水彩表现要求底稿图形准确、清晰，忌擦伤纸面（最好另用纸起稿，然后复制正图，再裱图），而且十分讲究纸和笔上含水量的控制，即画面色彩的浓淡、空间的虚实、笔触的趣味都有赖于对水分的把握。

目前室内表现图中钢笔淡彩的效果图较为普遍，它是将水彩技法与钢笔技法相结合，发挥各自优点，颇具简捷、明快、生动的艺术效果，如图7-3所示。

图7-3 的室内钢笔淡彩效果图

3．钢笔画

钢笔、针管笔都是画线的理想工具，发挥各种形状的笔尖的特点，利用线的排列与组织来塑造形体的明暗关系，追求虚实变化的空间效果，也可以针对不同质地采用相应的线型组织，以区别刚、柔、粗、细。还可以按照空间界面转折和形象结构关系来组织各个方向与疏密的变化，以达到画面表现上的层次感、空间感、质感、量感，以及形式上的节奏感、韵律感，如图7-4所示。

4．喷绘

喷绘是通过气泵的压力将笔内的颜色喷射到画面上，其造型主要是依靠遮盖后的余留形状。喷绘制作的过程是喷、绘相结合的，对于一些物体的细部和花草、人物的表现是借助其他画笔来描绘的。画面效果细腻、明暗过渡柔和、色彩变化微妙、逼真，如图7-5所示。

图7-4　钢笔手绘的室内效果图　　　　　图7-5　喷绘画法

5．马克笔

马克笔以其色彩丰富、着色简便、风格豪放、迅速成图，深受广大设计师喜爱。

马克笔的笔头分扁头和圆头两种，扁头正面与侧面上色宽窄不一，运笔时可发挥其形状特征，构成自己特有的风格。

马克笔上色后不易修改，一般应先浅后深，上色时不用将色彩铺满画面，有重点地进行局部刻画，画面会显得更为轻快、生动。马克笔的同色叠加会显得更深，多次叠加则无明显效果，且容易弄脏颜色。

马克笔的运笔排线与铅笔画一样，也分徒手与工具两类，应根据不同场景与物体形态、质地、表现风格来选用。

如图7-6所示为马克笔手绘的室内效果图。

图7-6　马克笔手绘的室内效果图

7.1.2 室内装修效果图计算机表现

计算机辅助设计技术给室内设计创作提供了广阔的空间，给设计师提供了多种多样的设计途径和制作空间。

相对于徒手绘制而言，计算机在室内效果图制作上具有方便、快捷、精确、易于修改的特点，计算机为表达和反映设计师的创意提供了形象化的手段。设计师的意念从构思开始，当设计师掌握操作计算机的方法时，熟练运用各种软件，创作出多种虚拟室内场景，它又使设计师从中得到启发和灵感，从而创作出更加理想的室内空间。人与计算机是互为交流、互为对话的过程（交互式）。

3ds Max 功能极其庞大、浩繁，可用来制作各种不同类型的建筑（室内、室外场景）设计，各种工业产品结构图及效果图，以及产品广告的三维场景设计。可模拟不同环境、不同风格的渲染效果，强大的材质编辑功能令人眩目，几乎涵盖了所有模型制作领域，如图 7-7 所示为利用 3ds Max 软件设计的室内设计效果图。

"Autodesk 美家达人"是 Autodesk 公司最新为中国家装消费者提供的一个家装设计平台，它的出现，使设计师可以很直观、便捷地将头脑中的三维建筑方案用计算机展示出来。

如图 7-8 所示为"Autodesk 美家达人"设计的室内效果图。

图 7-7　3dS Max 室内设计效果图　　　　图 7-8　利用美家达人设计的室内效果图

7.2 "美家达人"在线设计工具

"美家达人"是全球二维和三维设计、工程及娱乐软件的领导者欧特克有限公司（Autodesk）发布的家装设计平台。它为普通大众提供了一款免费的绿色在线设计软件，帮助用户在装修伊始就可以自己规划房间布局、风格搭配，并可以迅速通过免费的照片级 3D 效果图来感受整体的设计。

另外美家达人丰富的"美家秀"，让用户可以浏览到来自世界各地的设计创意，以激发用户的家装灵感。

7.2.1 "美家达人"首页

"美家达人"设计工具完全免费，无须安装，只要进入其主页，即可轻松设计自己的家。

"美家达人"的 Internet 网页地址为 http://www.meijiadaren.com/home，如图 7-9 所示为美家达人的首页界面。

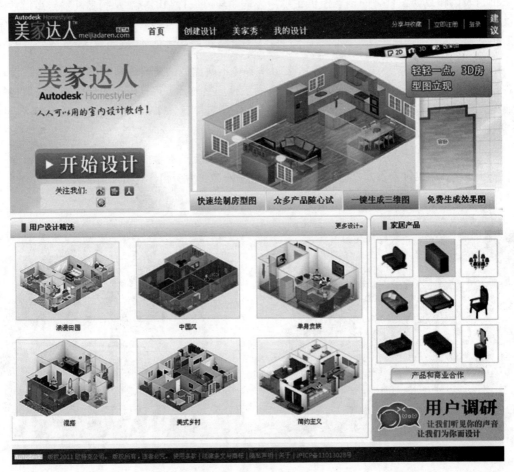

图 7-9 "美家达人"首页

"美家达人"首页中，为新手和设计师提供了便捷的设计入口。下面来了解"美家达人"首页。

1．开始设计

在首页中单击"开始设计"按钮 ▶开始设计 ，尽快进入创建设计页面。

2．软件功能特点

首页右上角位置显示的是"美家达人"设计平台的 4 个功能特点。

3．用户设计精选

"用户设计精选"一栏中展示了部分用户的精美设计。若选择某一个风格的设计，会显示该风格设计的独立查看窗口，如图 7-10 所示。

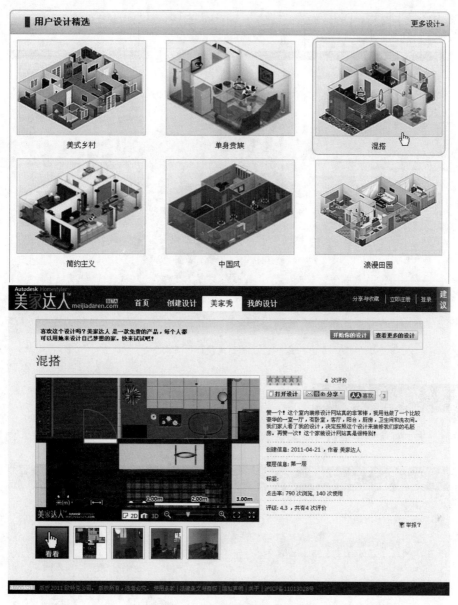

图 7-10　展示用户设计的风格

4．家居产品

此栏中显示了"美家达人"软件提供的部分家具模型。

7.2.2　"创建设计"页面

在首页中单击"开始设计"按钮，进入"创建设计"页面。此页面是用户进行室内效果图设计的软件操作界面。

"创建设计"页面中具有与装机版软件类似的操作功能，包括菜单栏、搜索栏、"视图切换"菜单、"房屋基本构件、家具及装修"菜单、工作区等，如图 7-11 所示。

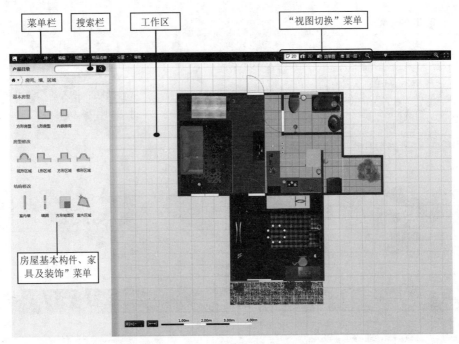

图 7-11　"创建设计"页面

7.2.3　"美家秀"页面

在首页上方的标签栏中单击"美家秀"选项卡，即可进入"美家秀"页面，如图 7-12 所示。

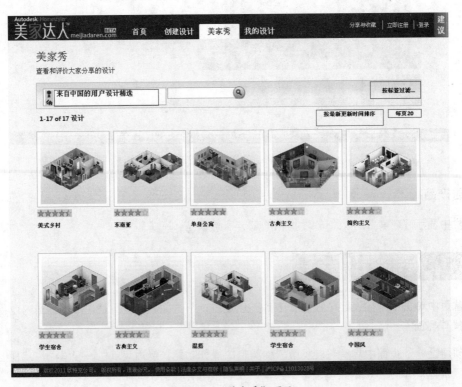

图 7-12　"美家秀"页面

从"用户设计"列表中选择相应的设计组，可以在下方的展示区中显示相应的内容。新手可以选择设计作品作为自己练习的范本。

该列表中包含 4 个设计精选组：来自中国的用户设计精选、所有的设计、所有来自中国的设计和名设计师 Nadia Geller 专辑。

◆ 来自中国的用户设计精选：此用户设计组中包含 17 个作品，如图 7-13 所示。

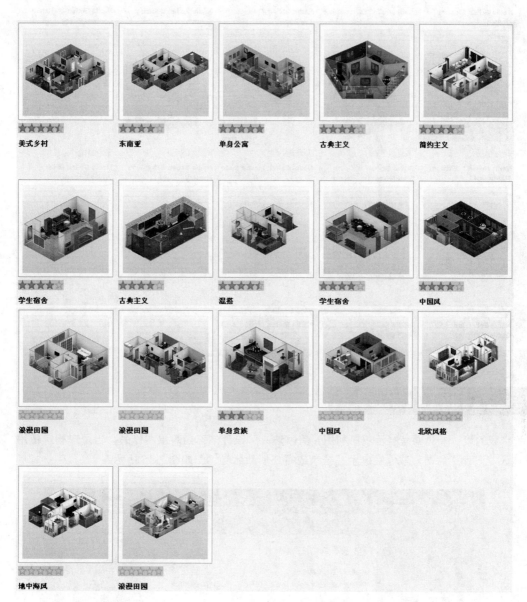

图 7-13　来自中国的用户设计精选

◆ 所有的设计：包括所有设计精选组的所有作品。

◆ 所有来自中国的设计：此精选组也包括了前面所列出的"来自中国的用户设计精选"的作品，另外还有 1000 多个作品供设计人员选择。

◆ 名设计师 Nadia Geller 专辑：这是来自国外的精品设计，展示的精品设计如图 7-14 所示。

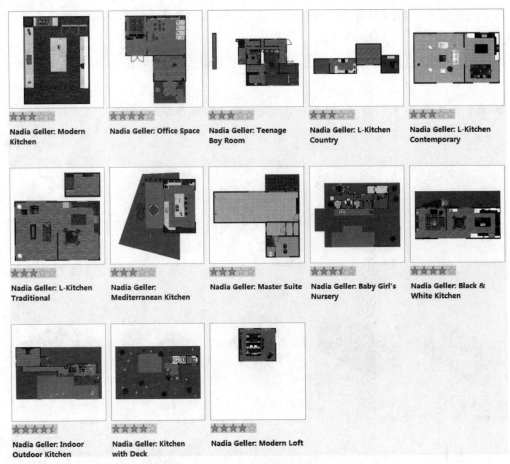

图 7-14　名设计师 Nadia Geller 专辑

7.2.4　"我的设计"页面

"我的设计"页面是展示用户利用"美家达人"设计的室内效果图作品。当用户初次使用"美家达人"设计平台时，软件会提示"登录或者注册新账号"，如图 7-15 所示。

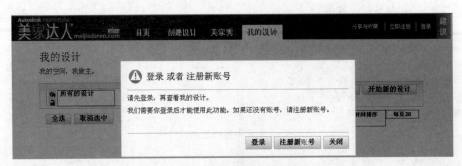

图 7-15　提示"登录或者注册新账号"操作

如果用户已经建立了账号，可以单击"登录"按钮，进入"我的设计"页面。如果没有，需单击"注册新账号"按钮，进入"新用户注册"窗口并注册账号，注册完成后单击"注册并登录"按钮，即可进入"我的设计"页面，查看用户自行设计并保存的设计作品，如图 7-16 所示。

新用户注册

显示的名字:

邮件地址:

名字:

姓:

密码:

密码确认:

或用以下账号登录

用QQ帐号
用QQ账号登录

用人人网帐号
与人人连接

用开心网帐号
与开心网连接

用新浪微博帐号
与新浪微博连接

*已经拥有上面网站的账户？你可以
使用上面网站账号。

□ 是的同意 使用条款 与 隐私声明

您想要随时收到Autodesk美家达人产品的相关信息吗？
○ 是的，发邮件给我　　　○ 不用了，谢谢

注册并登录

图 7-16　注册新账号

"我的设计"页面展示了用户的设计作品，如图 7-17 所示。

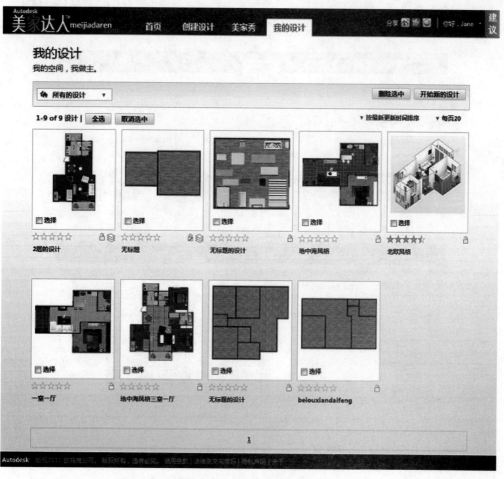

图 7-17　"我的设计"页面

7.3 "创建设计"页面的操作

在"美家达人"中，创建室内设计效果图所需的基本操作包括，创建房型图、查看 3D 效果、装修房间、创建效果图、分享设计、修改设计属性、物品清单、装修室外、收藏你喜欢的产品等。

7.3.1 "创建房型图"操作

利用"美家达人"设计室内效果图，首先创建室内房型图。创建房型图的方式分为 3 种：基于他人的设计开始设计、基于模板创建一个新的设计和基于一个空白模板创建房型图，具体介绍如下。

1. 基于他人的设计开始设计

此种方式是利用"美家秀"页面中，数据库提供的各种室内设计风格进行修改设计。当然用户也可以直接选择一个作品进行保存，以此作为自己的设计。

在"美家秀"页面中，选择一个设计，然后在弹出的快捷菜单中选择"打开设计"命令，即可进入"创建设计"页面，对选择的风格设计进行编辑、保存等操作，如图 7-18 所示。

图 7-18 基于他人的设计开始设计

除了采用这种方法开始设计外，用户还可以在首页"用户设计精选"部分中，选中一个设计，单击以打开它的设计案例页面，然后在此页面中单击"开始你的设计"按钮或者单击"打开设计"按钮，复制当前设计作为你的设计模板，如图 7-19 所示。

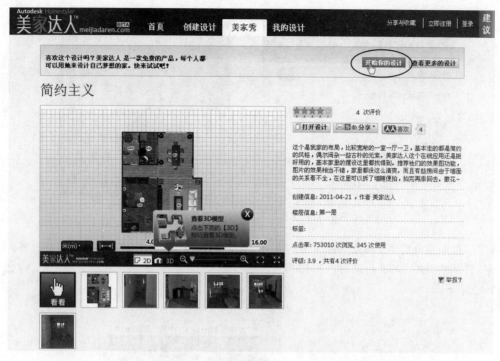

图 7-19　进入设计页面的另一种方式

2．基于模板创建一个新的设计

基于模板创建一个新的设计，是通过在"创建设计"页面的菜单栏中，新建一个模板文件而展开的设计操作流程。

在菜单栏中执行"文件"｜"新建"命令，在随后弹出的"创建一个新的设计"模板选择对话框中选择适合自己的模板，再单击"创建"按钮，即可展开一个新的设计，如图 7-20 所示。

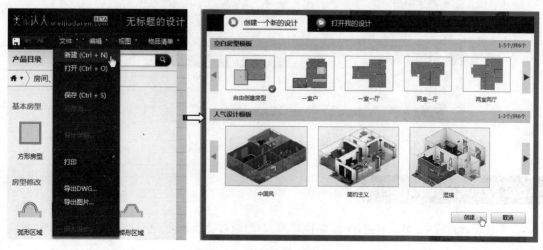

图 7-20　选择模板展开新的设计

3．基于一个空白模板创建房型图

在首页中，单击"开始设计"按钮，进入"创建设计"页面。在"产品目录"的"房间、墙、区域"选项面板中选择一个基本房型，拖曳到工作区域中，如图7-21所示。

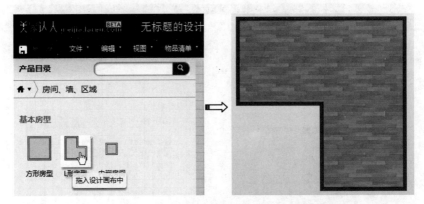

图7-21　选择基本房型并拖入工作区域

接下来根据设计需要，依次对基本房型进行一系列的操作，包括修改房型、结构修改等。房型建好后，打开左侧的"产品目录"｜"门"和"产品目录"｜"窗"，拖曳门和窗到墙上适当的位置，如图7-22所示。

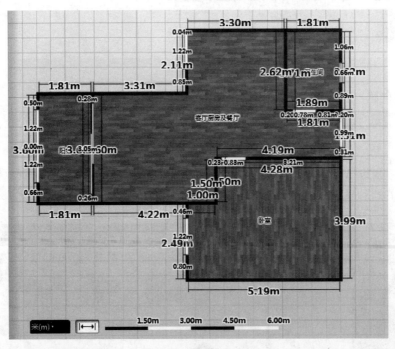

图7-22　操作基本房型

7.3.2　查看3D效果图

用户在设计过程中，可以利用2D/3D切换功能，时时查看设计效果，这有助于用户快速设计操作。

在创建设计页面时，单击菜单栏的2D或3D按钮，可以切换视图，如图7-23所示。

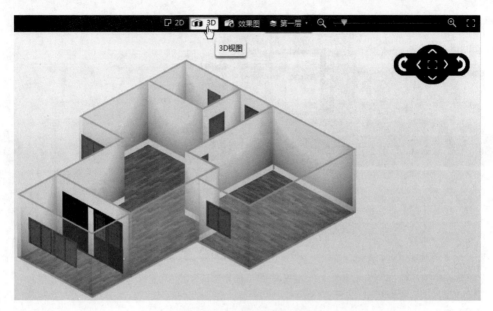

图 7-23　切换 2D 和 3D 视图

在 3D 视图中，你还可以选择墙以隐藏或显示，还可以设置墙体的样式，如图 7-24 所示。

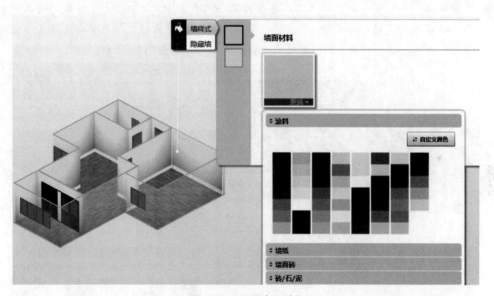

图 7-24　设置墙体样式

7.3.3　装修房间

房间的装修操作包括地板和墙面的装修、布置家具和物品、编辑装修等，具体介绍如下。

1. 地板装修

初始的地板装修是软件默认设置的材质，用户可以重新设置材质。在房型图的 2D 视图中，选中要编辑的房间地板，并在弹出的菜单中选择"房间样式"命令，即可对地板材质进行重新设置，如图 7-25 所示。

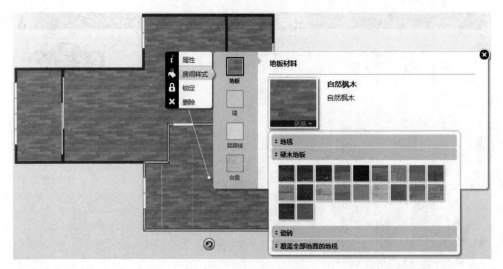

图 7-25 设置地板

2．墙壁涂料

墙面一般使用涂色方式装饰，但是涂色的方法有 3 种：房间涂色、墙面涂色和拖曳涂色。

◆ 房间涂色：此方法是在房间内 4 个墙面均涂一种色。首先切换到 2D 视图，选中地板，在弹出的菜单中选择"房间样式"命令，并在弹出的"房间样式"面板中选择喜欢的涂料、墙纸或其他，随后所选择的颜色将应用到整间房中，如图 7-26 所示。

图 7-26 给整间房涂色

◆ 墙面涂色：此种方法是在房间内的每面墙上涂抹不同的颜色。将视图切换至 3D 模式，选择立体图中的一面墙，并选择菜单中的"墙样式"命令，然后选择喜欢的颜色将其应用到所选墙面中，如图 7-27 所示。

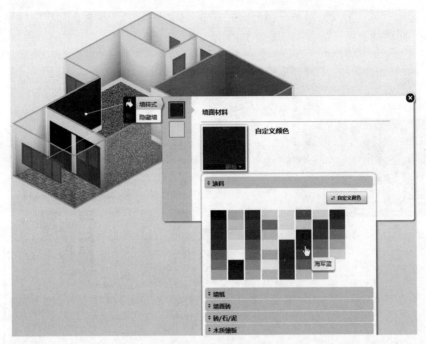

图 7-27 给单个墙面涂色

技术要点：

如果在"墙面材料"面板中选中"应用到房间所有墙"复选框，将会涂色至整个房间。这与前面所讲的涂色效果是相同的。

◆ 拖曳涂色：这种方法也是将整个房间进行涂色。切换至 3D 视图，首先在"产品目录"选项面板中找到"涂料"选项，然后在其菜单中选择一种涂料，将其直接拖曳到某个房间中即可，如图 7-28 所示。

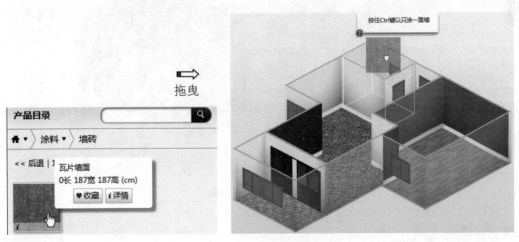

图 7-28 拖曳涂色

3．修改踢脚线

"踢脚线"通常指室内装修中的墙脚线。在 2D 视图中，在要设置踢脚线的房间中单击并选择菜单中的"房间样式"命令，然后在弹出的面板中选择"踢脚线"图标。面板中将显示踢脚线的涂色选项和"踢脚线高度"选项，如图 7-29 所示。

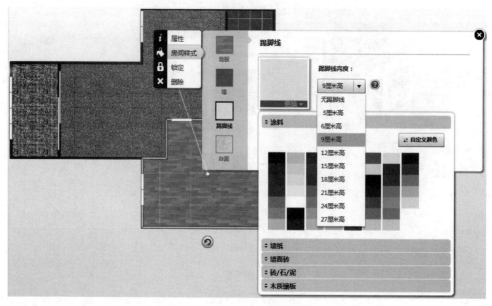

图 7-29　踢脚线的选项设置

　　踢脚线的涂色操作与地板材质、墙面涂料的操作相同。设置踢脚线的高度和颜色后，在 3D 视图中查看相应的效果，如图 7-30 所示。

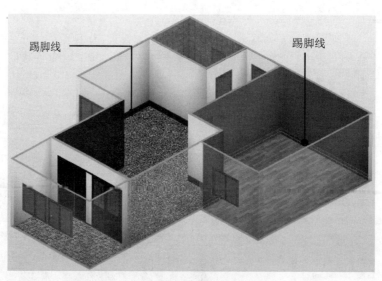

图 7-30　涂色踢脚线

4. 家具、物品布置

　　打开创建设计页面，在产品目录部分，可以通过如下两种方式查找，如图 7-31 所示。

◆ 在搜索框中直接输入物品名，单击"搜索"按钮。

◆ 打开产品目录，在对应分目录中查找。

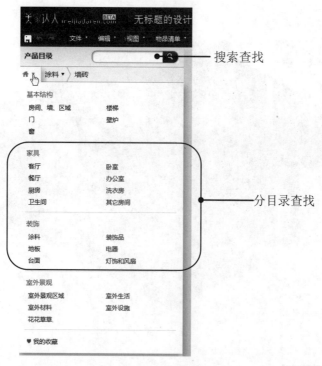

图7-31 家具、物品的查找

找到要布置的家具与物品后，将其拖曳到房型图相应的房间中，如图7-32所示。

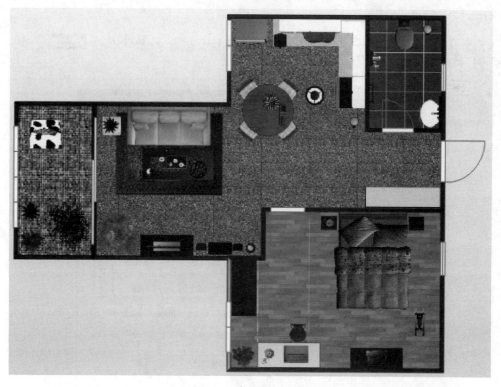

图7-32 布置家具与物品

切换至3D视图，查看室内布置的效果，如图7-33所示。

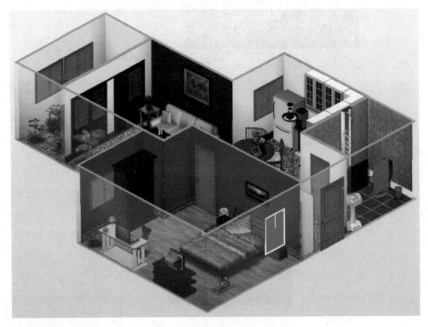

图 7-33　查看布置的 3D 效果

7.3.4　生成效果图

室内设计非常重要的一环就是将室内装修的效果展示出来，用户可以根据效果图的表现来修改前面的设计。

室内布置设计完成后，在"创建设计"页面的菜单栏中单击"效果图"按钮 效果图，弹出"效果图"对话框，如图 7-34 所示。

图 7-34　"效果图"对话框

要创建效果图，必须先登录软件。登录后单击"创建你的第一张效果图"按钮，进入效果图设计页面，如图7-35所示。

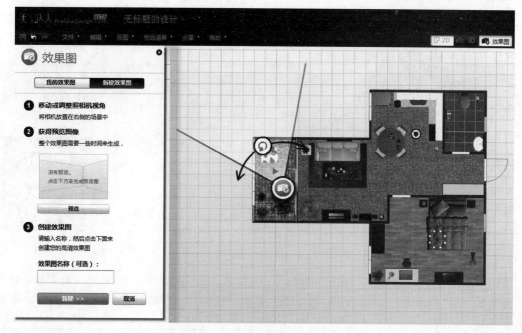

图7-35 效果图设计页面

在"效果图"对话框中输入效果图的名称后，单击"新建"按钮，会弹出"新建效果图"对话框，如图7-36所示。

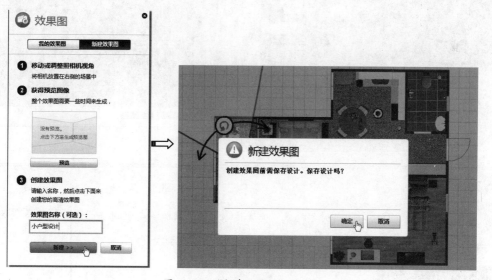

图7-36 "新建效果图"对话框

单击"确定"按钮，弹出"保存设计"对话框，在该对话框中输入设计标题与设计描述以后，单击"确定"按钮，进入下一步操作，如图7-37所示。

接下来是效果图设计至关重要的环节——调整相机在房间中的位置。相机摆放示意图，如图7-38所示。

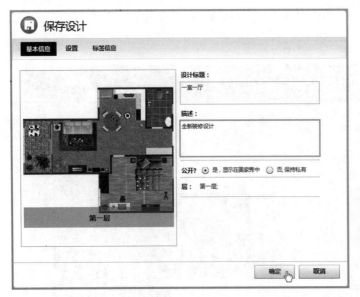

图 7-37　保存设计

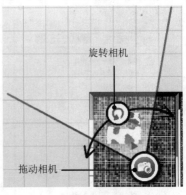

图 7-38　相机示意图

　　例如，制作客厅的效果图。将相机先拖曳至门厅位置，然后旋转相机，使相机对准客厅和餐厅，在"效果图"对话框中输入效果图名称后，单击"新建"按钮，程序自动生成效果图，如图 7-39 所示。

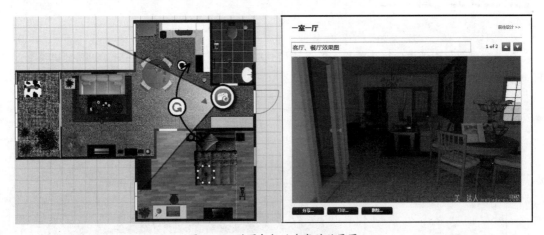

图 7-39　放置相机后生成的效果图

技术要点：

　　效果图生成后，无论你什么时候登录"美家达人"网页，都会查看到自己设计的室内效果图。

7.3.5　装修室外

　　对于独栋的别墅房型，还可以创建室外的装修效果。

　　在"产品目录"选项面板中，找到"室外景观"子目录，选择"室外景观区域"选项面板中的工具后，即可创建室外的效果图了，如图 7-40 所示。

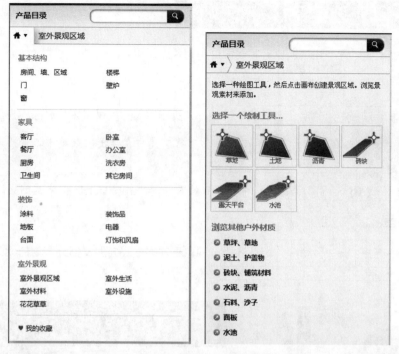

图 7-40 "室外景观"选项面板中的工具

例如，在前面设计的房型图中添加一块草地。在"室外景观区域"面板中单击"草地"图标工具，然后在工作区中绘制任意多边形作为草地区域，如图 7-41 所示。

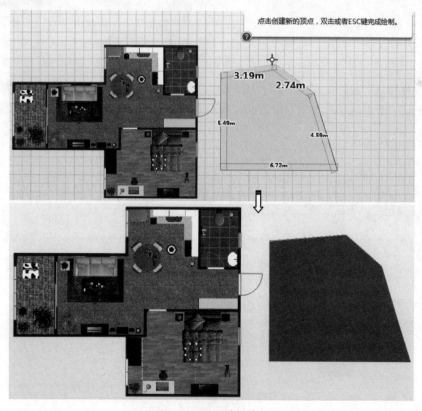

图 7-41 绘制草地景观

7.3.6 效果图图形删除、分享和打印

所有设计完成后，用户还可以执行其他命令来完善效果图。

1. 图形删除

在效果图设计过程中，时常会出现设计错误，"美家达人"提供了多种删除图形的方法。

◆ 通过菜单删除：在工作区中选择要删除的对象，然后在弹出的菜单中选择"删除"命令，如图 7-42 所示。

◆ 按 Delete 键删除：在工作区中选中要删除的对象，然后按 Delete 键将其删除。

2. 效果图分享

在菜单栏中选择"分享"命令，即可选择一种你喜欢的方式向朋友们分享你的设计，如图 7-43 所示。

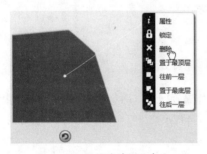
图 7-42 执行菜单删除命令

图 7-43 分享设计

3. 打印

打开一个保存过的设计，或者新建一个设计然后保存，单击"效果图"按钮，在弹出的"效果图"对话框中，单击"我的效果图"按钮，然后在其中选择一个效果图，并单击"打印…"按钮，完成打印操作。

4. 物品清单

如果要查看你设计的效果图中，到底布置了哪些家具和物品，可以在菜单栏中执行"物品清单"命令，即可在弹出的"物品清单"对话框中查看清单，如图 7-44 所示。

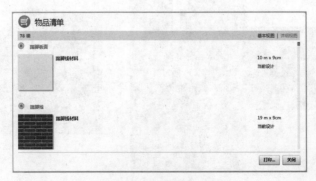
图 7-44 查看物品清单

7.3.7 编辑效果图

鉴于"美家达人"设计软件的简便性，其编辑功能相比其他装机版的设计软件要少很多，例如不能精确控制尺寸及定位等。

1．编辑菜单

在工作区中选择要编辑的对象，就会弹出编辑菜单。此菜单随着选择对象的不同而改变，如图7-45所示。

图7-45 编辑菜单

2．拖曳编辑

在工作区选中一个对象后，按住鼠标不放，可以拖曳该对象从而改变其位置。

当拖曳物品到工作区时，有时会因为有其他物品阻挡而不能拖曳，此时可以按住Shift键取消放置规则，进而随意放置该物品，如图7-46所示。

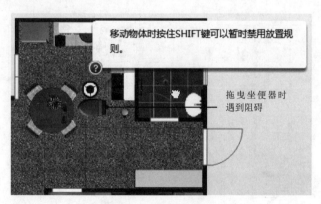

图7-46 拖曳编辑对象

除了物品可以拖曳编辑以外，房型板块也可以拖曳编辑，如图7-47所示为拖曳房型板块至新的位置。

技术要点：

> 如果在编辑菜单中设置了"锁定"，那么将不能改动房型。所以用户在设计完成房型后，必须将其锁定，避免后续操作中变动房型。

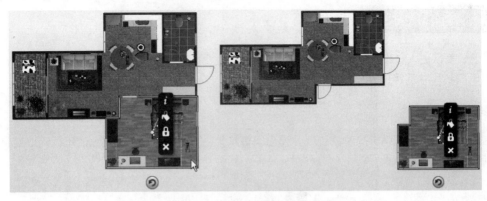

图 7-47　拖曳版块以改变房型

7.4 绘制 2D 与 3D 装修效果图

前面详细介绍了"美家达人"设计平台的功能及操作方法，接下来参照一个户型的室内设计平面布置图来设计效果图。作为参考的平面布置图，如图 7-48 所示。

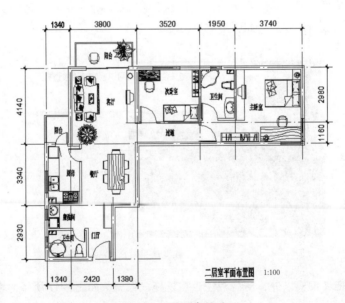

图 7-48　平面布置图

动手操作：创建户型图

Step01 从本例光盘源文件中打开 "2 居室平面布置图 .dwg" 文件。

Step02 进入 Autodesks "美家达人" 的设计平台主页。单击首页中的 "开始设计" 按钮，弹出 "创建一个新的设计" 对话框。选择空白房型模板组中的 "自由创建房型" 选项，单击 "创建" 按钮，如图 7-49 所示。

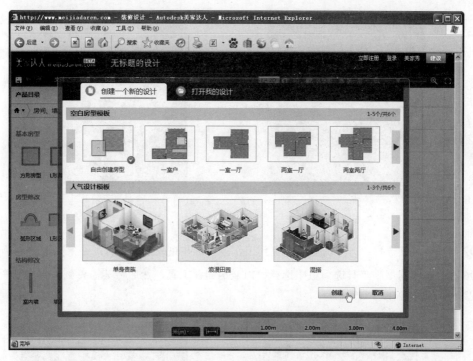

图 7-49 选择房型模板

Step03 进入"创建设计"页面。在产品目录的"房间、墙、区域"子目录中选择"方形房型"基本房型作为房型，并拖曳到工作区中，如图 7-50 所示。

Step04 在工作区左下方单击"显示尺寸"按钮 ⟷ ，查看基本房型的尺寸，如图 7-51 所示。

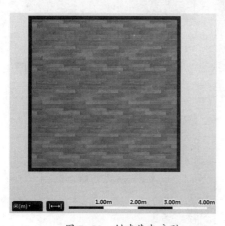

图 7-50 创建基本房型

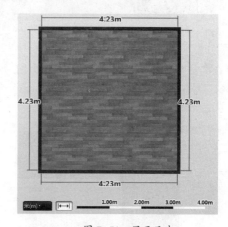

图 7-51 显示尺寸

Step05 将光标置于基本房型的墙体上，直至显示左右拖曳符号，如图 7-52 所示。

Step06 根据二居室平面布置图中给出的总体尺寸，拖曳编辑基本房型的尺寸，使其成为主卧室，结果如图 7-53 所示。

技术要点：

　　由于"美家达人"不能精确控制尺寸，只要尺寸没有太大误差即可。否则，在布置家具、物品时会引起不必要的麻烦。

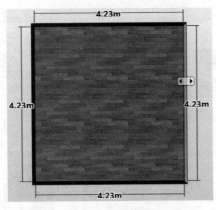

图 7-52 拖曳准备

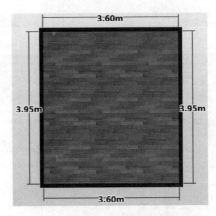

图 7-53 编辑基本房型

Step07 同理，继续选择"方形房型"拖曳到工作区中，并完成拖曳编辑，结果如图 7-54 所示。

Step08 在"基本房型"工具选项组中选择"内嵌房间"工具，然后将其拖曳到基本房型图中，并将拖曳编辑，结果如图 7-55 所示。

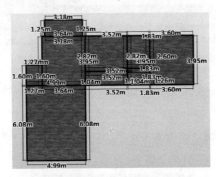

图 7-54 插入其余基本房型

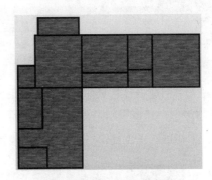

图 7-55 插入"内嵌房间"

Step09 在"房型修改"工具选项组中选择"L 形区域"，然后将其拖曳至基本房型图中，拖曳后将其编辑，结果如图 7-56 所示。

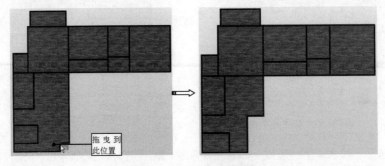

图 7-56 插入"L 形区域"

技术要点：

"内嵌房间"房型只能插入到房型内部，插入后，可以将其拖曳至工作区的任意位置。

Step10 选择房型图中的部分墙并删除，结果如图 7-57 所示。

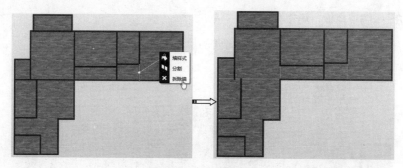

图 7-57 删除部分墙

Step11 在阳台与厨房位置，选中被拆除的墙体，然后将其恢复，结果如图 7-58 所示。

图 7-58 恢复删除的墙体

动手操作：创建房型基本结构

Step01 基本房型创建完成后，接下来创建基本结构，如门、窗等。在"产品目录"中找到"基本结构"子目录，然后打开"门"选项面板。

Step02 参考本例的平面布置图，将阳台门、室内门、玄关门、窗等插入到房型图相应的位置上，如图 7-59 所示。

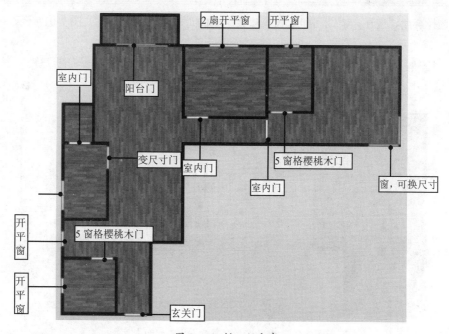

图 7-59 插入门和窗

动手操作：编辑地板、墙壁和踢脚线

Step01 为各房间命名。命名方法是设置各房间的属性标签，如图 7-60 所示。

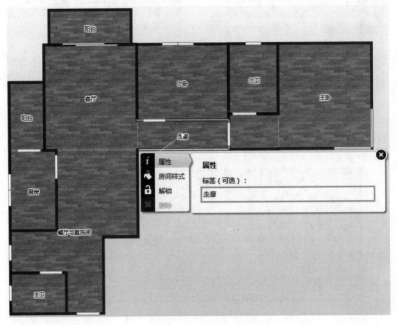

图 7-60　命令房间

技术要点：

　　每个基本房型只能命名一个。由此我们可以知道，在绘制房型图时，只能是一个基本房型作为一个房间的创建，而不能采用创建一个大房型，然后在里面插入室内墙体的方式。否则不能正确命名房间。

Step02 选择客厅、餐厅、盥洗间和走廊来铺装统一的"暗灰色瓷砖"，如图 7-61 所示。

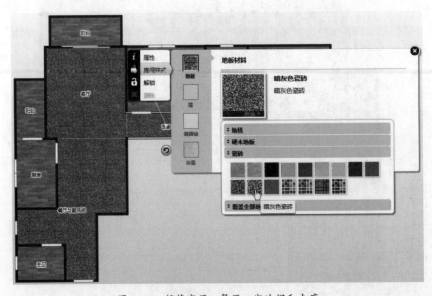

图 7-61　铺装客厅、餐厅、盥洗间和走廊

Step03 选择厨房和两个卫生间铺装"蓝色方形瓷砖"。

Step04 选择两个阳台来铺装"海洋波纹色马赛克瓷砖"。两个卧室的地材保持不变，最终铺装完成的地板效果，如图 7-62 所示。

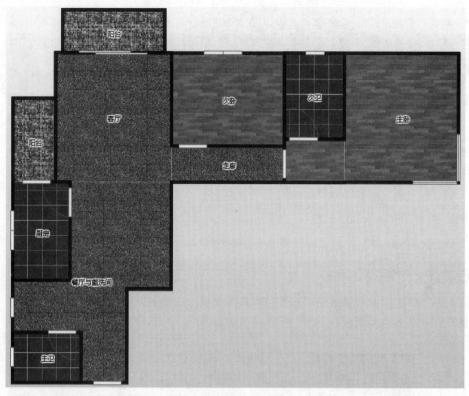

图 7-62　铺装完成的地板

Step05 选择客厅、餐厅及走廊，设置其墙面的涂色为"薰衣草紫"；设置主卧墙面涂色为"艺术墙纸"；设置侧卧的墙面涂色为"乡村风格墙纸"；设置两个卫生间的墙面涂色为"白色大理石板材墙面"。最终墙面涂色的效果，如图 7-63 所示。

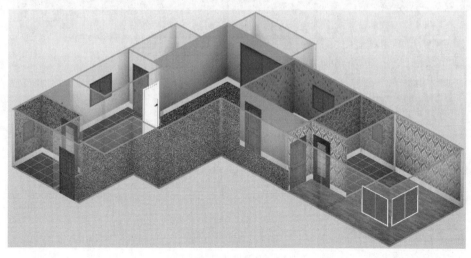

图 7-63　墙面涂色

Step06 选择客厅、餐厅及走廊，设置其踢脚线的涂色为"板石墙面"；设置主卧和侧卧踢脚线涂色为"橡木镶板"，如图 7-64 所示。

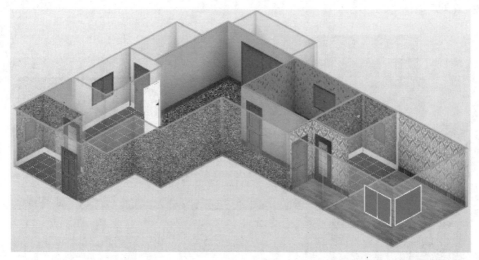

图 7-64　踢脚线涂色

动手操作：布置家具和物品

　　参照 AutoCAD 的平面布置图中所布置的家具和物品，在"美家达人"中插入家居图块，最终布置完成的结果如图 7-65 所示。

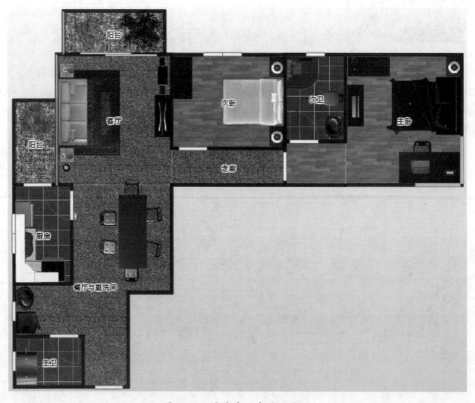

图 7-65　室内家具布置效果图

技术要点：

　　家具及物品图块的插入，与房型图块插入方法是完全相同的，插入后可以编辑图块的位置及定向。鉴于图块繁多，这里就不一一详细描述操作过程了。读者可以参考本章的教学视频来完成操作。

　　为了让读者能方便地从产品目录中找到布置的家具和物品，表7-1列出了查找物品路径的表格以备查阅。

表7-1　室内家具布置参照表

阳台布置			主、次卫生间布置		
数量	产品目录路径	物品	数量	产品目录路径	物品
1	家具|客厅|椅子	蝶形椅	1	家具|卫生间|浴盆	木制方形工学沐浴缸
1	装修|装修品|室内植物	大号榕树盆景	1	家具|卫生间|淋浴器	带滑门玻璃整体浴室
1	装修|装修品|室内植物	棕榈树盆栽	1	家具|卫生间|浴室柜	乳白陶瓷洗脸盆
客厅布置			2	家具|卫生间|坐便器	圆形坐便器
1	家具|客厅|沙发	木宁顿沙发	主卧室布置		
2	家具|客厅|茶几与边桌	时尚茶几，直腿	1	家具|卧室|床	蓝色折叠沙发床
1	家具|客厅|茶几与边桌	金属桌子带玻璃	1	家具|卧室|床头柜	床头柜（＋相框和灯）
1	家具|客厅|多媒体	电视柜	1	家具|卧室|大衣柜	红木衣橱
1	装修|装修品|电器|电视	等离子电视	1	家具|客厅|多媒体	电视柜
1	装修|装修品|电器|立体音响	音箱立体声组合	1	装修|装修品|电器|电视	银色等离子电视
1	装修|装修品|花瓶	瓷花瓶		家具|办公室|书桌	Neda樱桃木桌椅组合
2	装修|灯饰和风扇|台灯	复古台灯	1	装修|灯饰和风扇|台灯	金属桌灯
餐厅与盥洗间、厨房布置			1	装修|电器|电脑	银色笔记本电脑
1	家具|餐厅|组合餐桌	长形金属餐桌	侧卧室布置		
1	家具|卫生间|浴室柜	乳白陶瓷洗脸盆	1	家具|卧室|床	传统美式实木床
1	家具|洗衣房|洗衣机	蓝色洗衣机	1	家具|卧室|床头柜	床头柜（＋相框和灯）
1	家具|厨房|冰箱	双门冰箱	1	家具|卧室|大衣柜	红木衣橱
1	家具|厨房|橱柜	橱柜			
1	家具|厨房|柜式洗手盆	带双槽水槽			
1	家具|厨房|炉灶面	双头燃料灶			
4	家具|厨房|墙柜	双开玻璃门壁橱			

技术要点：

　　在插入图块的过程中，2D视图不容易辨别出家具的方向。但你选择家具或物品时，会显示旋转工具图标，此图标的指向就是家具或物品的朝向，如图7-66所示。

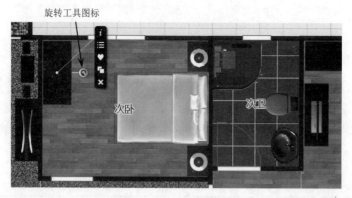

图 7-66　辨别家具或物品的朝向

动手操作：创建效果图

Step01 在工作区上方单击"效果图"按钮，弹出"效果图"对话框，如图 7-67 所示。

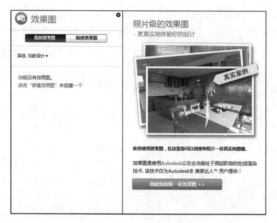

图 7-67　"效果图"对话框

Step02 要创建效果图，必须先登录页面。登录后单击"创建你的第一张效果图"按钮，进入效果图设计页面，如图 7-68 所示。

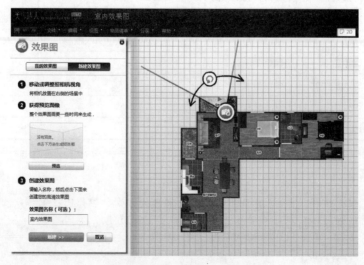

图 7-68　效果图设计页面

Step03 在"效果图"对话框中输入效果图名称"客厅效果图"后,单击"新建"按钮,会弹出"新建效果图"对话框,如图7-69所示。

Step04 单击"确定"按钮,弹出"保存设计"对话框,在该对话框中输入设计标题与设计描述以后,单击"确定"按钮,进入下一步操作。

Step05 首先制作客厅效果图。将相机先拖曳至餐厅位置,然后旋转相机,使相机对准客厅,在"效果图"对话框中输入效果图名称后,单击"新建"按钮,程序自动生成效果图,如图7-70所示。

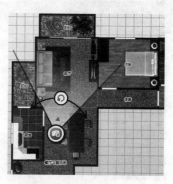

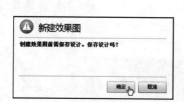

图7-69 保存设计

图7-70 放置相机

Step06 自动生成的客厅效果图,如图7-71所示。

图7-71 放置相机后生成的效果图

Step07 同理,将相机放置于其他几个房间,并创建出主卧效果图、侧卧效果图、卫生间效果图、厨房效果图等。

提示:

能否成功生成效果图,关键还要看你的网络使用情况。网络差,就不容易生成效果图,软件会给出消息提示,如图7-72所示。

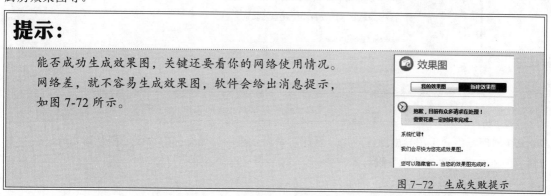

图7-72 生成失败提示

1. 导出设计

Step01 生成各房间的效果图后，关闭"效果图"对话框。在菜单栏中执行"文件"|"导出DWG"命令，弹出"导出"对话框，如图 7-73 所示。

Step02 在该对话框中选择要导出的文件类型后，单击"导出"按钮，效果图将导出为 AutoCAD 的 DWG 文件，如图 7-74 所示。

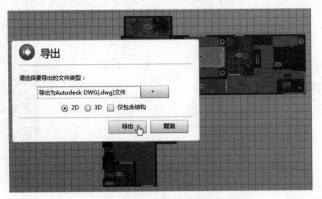

图 7-73 执行"导出"命令　　　　　　　　图 7-74 导出为 DWG 文件

技术要点：

　　导出的文件将保存在用户的邮箱（网易、新浪、QQ 邮箱等）中，你可以通过注册的邮箱下载此文件，如图 7-75 所示。

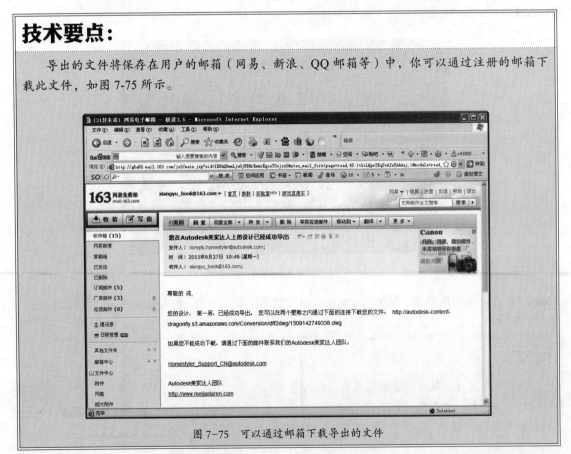

图 7-75 可以通过邮箱下载导出的文件

Step03 同理，将效果图导出图片效果。至此，室内效果图设计案例的设计过程全部完成，最后将文件保存在你的"美家达人"设计账户中。

装修施工与图纸绘制的问题

绘制装修图纸时总会遇到一些绘图技巧或设计技术方面的问题，本章就对常见的一些问题进行汇总，供大家参考。

※ AutoCAD软件应用问题
※ 装修施工中的常见问题

8.1 AutoCAD 软件应用问题

问题一：如何设置图纸

创建新图纸最好按照国标图幅设置图界。图形界限好比图纸的幅面，画图时在图形界限内一目了然。按图形界限绘制的图纸打印很方便，还可以实现自动成批出图。当然，有人习惯在一个图形文件中绘制多张图纸，这样设置图形界限就没有太大意义了。

下面就如何设置图纸进行详细描述。

Step01 设置图纸范围（打开一张公制样板图 acadiso.dwt，AutoCAD 默认图纸尺寸为 A3）。

```
命令：LIMITS（或选择下拉式菜单？格式？图形界限）
重新设置模型空间界限：
指定左下角点或 [开 (ON) / 关 (OFF)] <0.0000,0.0000>：          // 输入左下角 0,0
指定右上角点 <420.0000,297.0000>：                            // 输入右上角（例如 297,210）
```

提醒一下：

相关图纸图幅的比例，如图 8-1 所示。

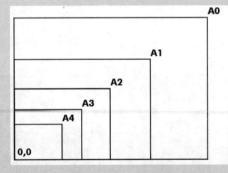

规格	X	Y
A0	1189	841
A1	841	594
A2	594	420
A3	420	297
A4	297	210

图 8-1　相关图纸图幅的比例

Step02 将设置范围显示于窗口上。

```
命令：ZOOM
指定窗口角点，输入比例因子（nX 或 nXP），或
[全部 (A) / 中心点 (C) / 动态 (D) / 实际范围 (E) / 上一个 (P) / 比例 (S) / 窗口 (W)] < 实时 >：
// 输入 A，显示全部图纸范围
正在重生成模型。
```

Step03 绘制图框线。

```
命令：RECTANG
指定第一个角点或 [倒角©/标高(E)/圆角(F)/厚度(T)/宽度(W)]：？输入左下角 0,0
指定另一个角点或 [尺寸(D)]：？输入右上角 (例如 297,210)
```

问题二：如何设置光标十字线

有些时候，在实际工作中，我们在绘图过程中需要将十字光标的线设置为无限长，便于设计师快速找到水平或垂直位置，也便于快速查看图形、图线之间的位置关系。例如如图8-2所示的两个矩形，肉眼是无法判断出两个图形是否水平对齐的。

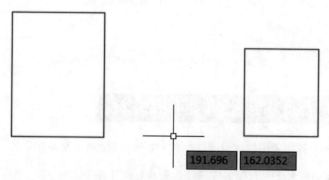

图8-2　无法判断图形是否对齐

因此，只要设置一下十字光标线，立即可以判断出两个矩形是否对齐了。具体操作如下。

Step01 在菜单栏中执行"工具"|"选项"命令，打开"选项"对话框。

Step02 在"显示"选项卡中，设置"十字光标大小"的参数为100，或者向右拖曳滑块至最右侧，如图8-3所示。

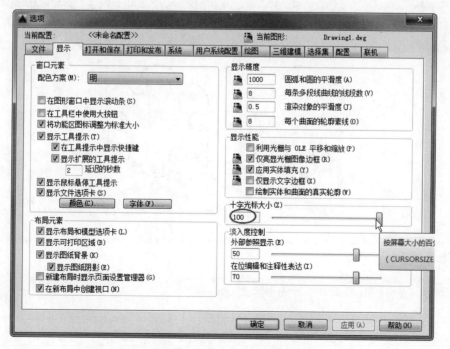

图8-3　调整十字光标的大小

Step03 单击"确定"按钮后，十字光标线已经发生改变，此刻可以看到两个矩形是没有水平对齐的，如图 8-4 所示。

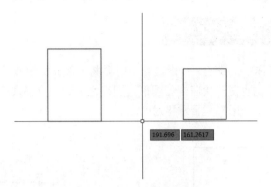

图 8-4　根据十字光标线判断图形是否对齐

问题三：如何测量封闭图形的面积和周长

相连的封闭图形，利用多段线编辑（PEDIT）成一个对象再求面积和周长，如图 8-5 所示。

Step01 将所有对象编辑成一个封闭的多段线，命令行操作如下。

```
命令：PEDIT
选择多段线或 [多条 (M)]:                    //选择对象 1
选定的对象不是多段线
是否将其转换为多段线？<Y>:                   //按 Enter 键
输入选项 [打开 (O) / 合并 (J) / 宽度 (W) / 编辑顶点 (E) / 拟合 (F) / 样条曲线 (S) / 非曲线化 (D) /
线型生成 (L) / 放弃
 (U)]:                                      //输入选项 J
选择对象：                                   //框选范围 2、3，如图 8-6 所示。
选择对象：                                   //按 Enter 退出选择，11 条线段已添加到多段线
输入选项 [打开 (O) / 合并 (J) / 宽度 (W) / 编辑顶点 (E) / 拟合 (F) / 样条曲线 (S) / 非曲线化 (D) /
线型生成
 (L) / 放弃 (U)]:                            //按 Enter 键退出选择。
```

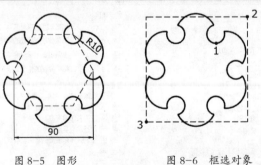

图 8-5　图形　　　　　　　　图 8-6　框选对象

提醒一下

也可以利用 REGION 命令，为图形建立面域。

```
命令：REGION
选择对象：                                   //框选点 2 至点 3
选择对象：                                   //按 Enter 键退出选择
```

```
已提取 1 个环。
已创建 1 个面域。                                    // 完成面域建立
```

Step02 求多段线面积。命令行操作如下.

```
命令：AREA
指定第一个角点或 ［对象 (O) / 加 (A) / 减 (S)］：        // 输入选项 O
选择对象：                                          // 选择封闭多段线
面积＝ 8550.9368，  周长＝ 590.3728
```

提醒一下：

由 PEDIT 编辑的为一个线框架对象，由 REGION 命令建立的为一个薄板面，二者是不同性质的对象。

问题四： 如何完成面积相加减

如图 8-7 所示，求斜线区域的面积。

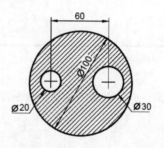

图 8-7 要计算面积的图形

命令行操作提示如下。

```
命令：AREA
指定第一个角点或 ［对象 (O) / 加 (A) / 减 (S)］：       // 输入选项 A
指定第一个角点或 ［对象 (O) / 减 (S)］：              // 输入选项 O
（｜加｜模式）选择对象：                              // 选取直径为 100 的圆
面积＝ 7853.9816，圆周长＝ 314.1593                  // 直径 100 的圆面积和周长
总面积＝ 7853.9816                                 // 当前面积计算结果
（｜加｜模式）选择对象：                              // 按 Enter 键退出面积加入
指定第一个角点或 ［对象 (O) / 减 (S)］：              // 输入选项 S
指定第一个角点或 ［对象 (O) / 加 (A)］：              // 输入选项 O
（｜减｜模式）选择对象：                              // 选取直径为 20 的圆
面积＝ 314.1593，圆周长＝ 62.8319                    // 直径为 20 的圆的面积和周长
总面积＝ 7539.8224                                 // 当前面积计算结果
（｜减｜模式）选择对象：                              // 选取直径为 30 的圆
面积＝ 706.8583，圆周长＝ 94.2478                    // 直径为 30 的圆的面积和周长
总面积＝ 6832.9640                                 // 当前面积计算结果
（｜减｜模式）选择对象：                              // 按 Enter 键退出选择
指定第一个角点或 ［对象 (O) / 加 (A)］：              // 按 Enter 键退出选择
```

问题五： 由数个对象围成的长度和面积的计算

求如图 8-8 所示的图形最外围所围成的面积或周长（答案：面积＝ 9135.6845，周长＝ 481.0445）。

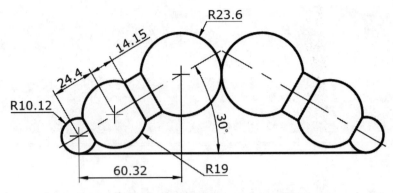

图 8-8　要计算面积或周长的图形

Step01 先将图形修剪，只剩最外围图形，如图 8-9 所示。

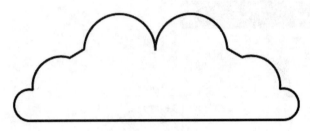

图 8-9　修剪图形

Step02 执行多段线编辑，将图形编辑成一个封闭对象。命令行操作提示如下。

```
命令：PEDIT
选择多段线：                              // 选取对象 1
选定的对象不是多段线
是否将其转换为多段线？<Y>：               // 按 Enter 键
输入选项
[ 打开 (O) / 合并 (J) / 宽度 (W) / 编辑顶点 (E) / 拟合 (F) / 样条曲线 (S) / 非曲线化 (D) / 线型生成
(L) / 放弃 (U)]：                         // 输入选项 J
选择对象：                                // 框选范围 2、3，如图 8-10 所示。
选择对象：                                // 按 Enter 键退出选择
8 条线段已添加到多段线
输入选项
[ 打开 (O) / 合并 (J) / 宽度 (W) / 编辑顶点 (E) / 拟合 (F) / 样条曲线 (S) / 非曲线化 (D) / 线型生成
(L) / 放弃 (U)]：                         // 按 Enter 键退出选项
```

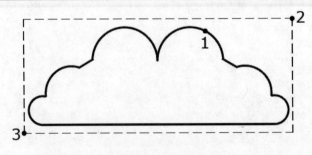

图 8-10　框选对象

Step03 求多段线面积。

```
命令：AREA
指定第一个角点或 [ 对象 (O) / 加 (A) / 减 (S)]：            // 输入选项 O
```

```
选择对象：                                    // 选择封闭多段线
面积= 9135.6845，  周长= 481.0445
```

Step04 也可以用 BPOLY 命令从封闭空间中选择一点，更快地得到封闭对象，或用 REGION 命令为图形建立为面域。

问题六：如何求距离和点坐标

求如图 8-11 所示的图形，条件如下。

1. A 绝对坐标为 50,50 请问 B 坐标为多少？

2. A 到 C 距离为多少？

3. B 到 C 的差值为多少？

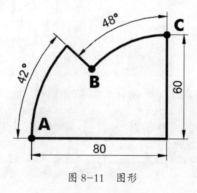

图 8-11 图形

Step01 解答第一个问题。执行移动 MOVE 命令，将图形移到正确位置。

```
命令：MOVE
选择对象：                                   // 选择图形
选择对象：                                   // 按 Enter 键退出选择
指定基点或位移：  // 选择基点 A
指定位移的第二点或 <用第一点作位移>：          // 输入位移点值 50,50
```

Step02 执行 ZOOM 命令的选项 E，将窗口缩放至图形的最大范围，找到被移动的图形。

Step03 执行 ID 命令，查询点位置。

```
命令：ID
指定点：                                     // 选择点 B
X = 85.4113 Y = 90.1478 Z = 0.0000          // 查询结果
```

Step04 解答第二个问题。执行 DIST 命令测量 A 到 C 的距离。

```
命令：DIST
指定第一点：                                 // 选择点 A
指定第二点：                                 // 选择点 C
距离= 100.0000，  XY 平面中的倾角= 37，与 XY 平面的夹角= 0
X 增量= 80.0000，  Y 增量= 60.0000，  Z 增量= 0.0000
```

Step05 也可以以对齐方式 DIMALIGNED 标注，来求得距离，如图 8-12 所示。

```
命令：DIMALIGNED
指定第一条尺寸界线原点或<选择对象>：          // 选择点 A
指定第二条尺寸界线原点：                      // 选择点 C
指定标注线位置或
[多行文字 (M) / 文字 (T) / 角度 (A)]：        // 选择尺寸位置点
标注文字= 100
```

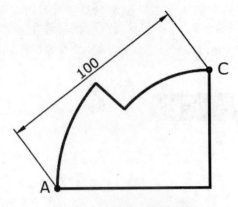

图 8-12　标注两点之间的距离

提醒一下：

标注值如果需要更精确的小数时，可以执行 DIMSTYLE 命令来设置，或激活尺寸标注夹点，单击鼠标右键弹出快捷菜单，可以设置该标注值的小数数位。

Step06 解答第三个问题。执行 DIST 命令测量 B 到 C 的偏移值，如图 8-13 所示。

```
命令：DIST
指定第一点：                        //选择点 B
指定第二点：                        //选择点 C
距离＝48.8084，XY 平面中的倾角＝24，与 XY 平面的夹角＝0
X 增量＝44.5887，Y 增量＝19.8522，Z 增量＝0.0000
```

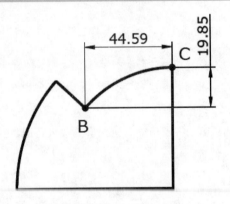

图 8-13　测量得到的结果

Step07 也可以用线性 DIMLINEAR 命令来求得距离。

```
命令：DIMLINEAR
指定第一条尺寸界线原点或＜选择对象＞：        //选择点 B
指定第二条尺寸界线原点：                      //选择点 C
指定标注线位置或
[多行文字 (M)／文字 (T)／角度 (A)／水平 (H)／垂直 (V)／旋转 (R)]：  //移动光标往上选择一点
标注文字 =44.59
命令：DIMLINEAR
指定第一条尺寸界线原点或＜选择对象＞：        //选择点 B
指定第二条尺寸界线原点：                      //选择点 C
指定标注线位置或
[多行文字 (M)／文字 (T)／角度 (A)／水平 (H)／垂直 (V)／旋转 (R)]：  //移动光标往右选择一点
标注文字 =19.85
```

问题七：利用 AutoCAD 设计中心添加内容到工具选项板

可以将设计中心中的图形、块和图案填充添加到当前的工具选项板中。向工具选项板中添加图形时，如果将它们拖曳到当前图形中，那么被拖曳的图形将作为块被插入。

Step01 在菜单栏中执行"工具"|"选项板"|"设计中心"命令，打开"设计中心"选项板。

Step02 在"文件夹"选项卡的树状图中，选中要打开图形文件的文件夹，在项目列表框中显示该文件夹中的所有图形文件，如图 8-14 所示。

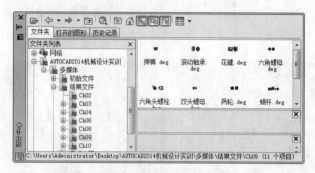

图 8-14　选中要显示图形的文件夹

Step03 在项目列表框中选中项目，并选择快捷菜单中的"创建工具选项板"命令，程序则弹出"工具选项板"面板，新的工具选项板将包含所选项目中的图形、块或图案填充，如图 8-15 所示。

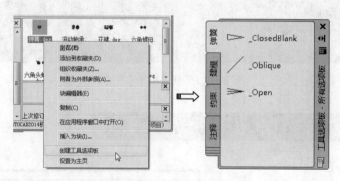

图 8-15　创建新的工具选项板

Step04 但新建的工具选项板中没有弹簧块，可以在设计中心拖曳弹簧图形文件到新建的工具选项板中，如图 8-16 所示。

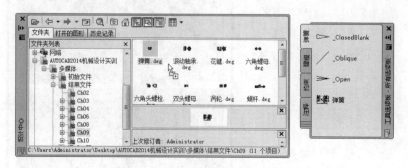

图 8-16　拖曳图形到新工具选项板中

8.2 装修施工中的常见问题

看了这么多装修案例，时时发现诸多问题，有的是材料问题，有的是施工质量问题，当然还有很多所谓的正规装修公司的合约问题、价格问题，等等。此处是希望能够给各位一个参考，也是给想装修的、不懂装修的朋友一个提示或借鉴，让大家少走弯路，省钱、省心，不被坑，这是笔者最大的心愿，如图 8-17 所示。

图 8-17 装修中的常见问题

装修施工中的常见问题一：关键点强化处理

出水管根部、下水管根部、地漏马桶台盆下水管与地砖粘结层之间的空隙、马桶下水管、地漏四边与地砖之间的缝隙、出水管口与墙砖之间的缝隙、卫生间淋浴区地砖上面挡水石缝隙与门槛石两端的缝隙等，墙体四周阴角和门槛石处，应采用做 R 角的施工工艺，如图 8-18 所示。

图 8-18 关键点强化处理

装修施工中的常见问题二：墙面受潮

图 8-19 墙面受潮

未涂刷防腐、防火涂料，受潮之后稳定性存在巨大隐患；现场河沙严禁靠墙堆放，墙面受潮后易引起腻子返碱、墙纸发霉等连锁问题，如图 8-19 所示。

装修施工中的常见问题三：木方与墙面的固定方法错误

现场木方与墙面固定时采用枪钉或钢排钉的现象比较普遍，此方法未达到固定受力效果，宜采用在墙上打木楔再用足够长度的螺钉固定或膨胀螺钉固定的方法，如图 8-20 所示。

图 8-20 木方与墙面的固定方法错误

装修施工中的常见问题四：违规使用花线

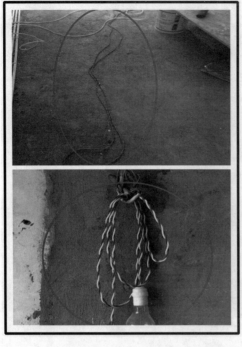

施工现场使用花线存在严重安全隐患，宜使用地拖线，如图8-21所示。

图 8-21 违规使用花线

装修施工中的常见问题五：线管、给水管布管不到位

现场线管、给水管布管后的固定及管与管间距不到位的现象普遍，管的固定应采用专用管卡，管卡间距应<1000mm，终端或转弯处应在 150～500mm，中间间距均匀，管与管间距应>15mm，以此避免线槽敷设后的空鼓、开裂现象出现。线槽敷设前应将边缘做凿毛处理，以免敷设后开裂，如图8-22所示。

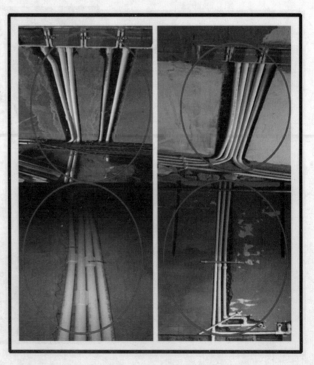

图 8-22 线管、给水管布管不到位

装修施工中的常见问题六：穿线布管步骤错误

图 8-23　穿线布管步骤错误

出现裸线直埋、穿墙等情况，穿线、布管完成后，需经隐蔽验收合格后，方能进行线槽敷设，如图 8-23 所示。

装修施工中的常见问题七：泡砖未使用专用容器

泡砖宜采用盆或专用容器，严禁在厨房、卫生间罐水泡砖，避免破坏防水，如图 8-24 所示。

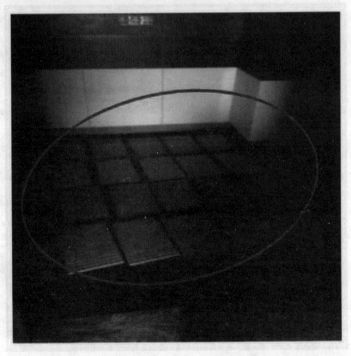

图 8-24　泡砖未使用专用容器

装修施工中的常见问题八：墙面浮灰及颗粒未处理

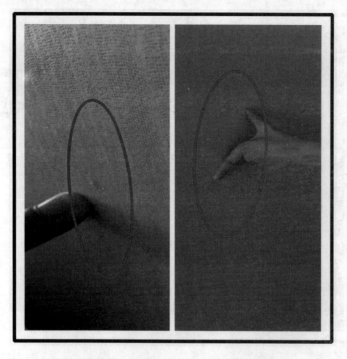

腻子打磨后应进行墙面浮灰及颗粒清洁处理后再涂刷墙纸基膜，以免墙纸粘贴之后出现局部不平整、颗粒凸起等问题，如图8-25所示。

图 8-25　墙面浮灰及颗粒未处理

装修施工中的常见问题九：墙纸粘贴接缝明显

墙纸粘贴出现大小头、接缝明显等问题，对于公司主材商的施工工艺要求，建议对其进行工艺交底，如图8-26所示。

图 8-26　墙纸粘贴接缝明显

装修施工中的常见问题十：排砖不符合规范

图 8-27 排砖不符合规范

墙地砖排版时，非整砖应不小于整砖的 1/3 为宜，如图 8-27 所示。

装修施工中的常见问题十一：未进行成品保护

现场对成品保护的意识需提高，局部损坏后应及时修复，宜专人对成品保护进行检查，发现损坏及时修复，加强各项承诺在现场的落实、实施，如图 8-28 所示。

图 8-28 未进行成品保护

图解装修施工中常见问题

装修施工中的常见问题十二：涂漆界面不清晰

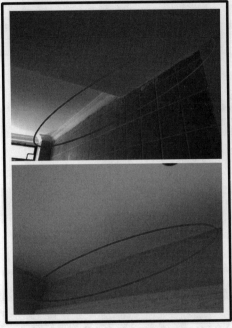

图 8-29　涂漆界面不清晰

天棚吊顶与墙面砖的界面不清的情况较多，乳胶漆施工前应将砖面用美纹纸进行成品保护，使阴角收口界面成一条直线，涂刷完成后撕掉保护层即可保证界面的清晰，如图 8-29 所示。

装修施工中的常见问题十三：阴角、R 角处理不当

卫生间墙脚阴角处制作高度为 20mm 的 R 角，建议采用 25 管进行辅助施工，不宜太高避免影响墙地砖粘贴标高，如图 8-30 所示。

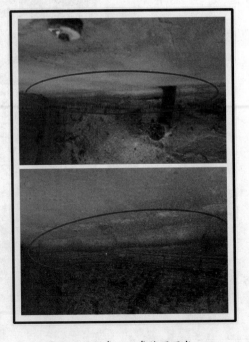

图 8-30　阴角、R 角处理不当

装修施工中的常见问题十四：墙面返出

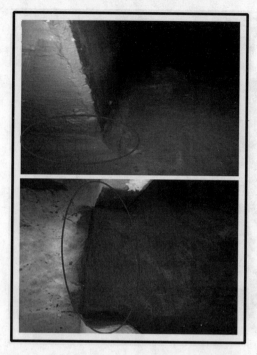

门洞侧面上返300mm，门槛石四周涂刷防水封堵，地面返出300mm，建议在淋浴房石材反坎下方设置第一道止水坎，门槛石下方设置第二道止水坎，形成整体封闭，如图8-31所示。

图 8-31　墙面返出

装修施工中的常见问题十五：基层处理

墙面基层找平找方（薄贴），孔洞、毛刺、缝隙等修补处理，下水管、出水管管根的孔洞修补到位，清洁清理到位后进行基层面润湿，如图8-32所示。

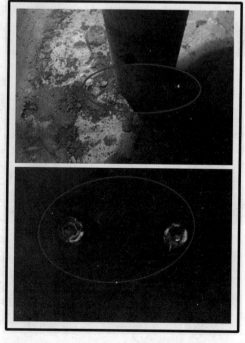

图 8-32　基层处理

装修施工中的常见问题十六：墙面润湿

图 8-33　墙面润湿

润湿基面无明水，高温时和当西晒部位应延长润湿时间和润湿次数，如图 8-33 所示。

装修施工中的常见问题十七：材料配比

严格按照防水材料要求进行配比，在搅拌过程中做好地面的成品保护，如图 8-34 所示。

图 8-34　材料配比

装修施工中的常见问题十八：墙面涂刷

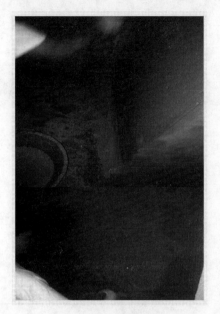

图 8-35 墙面涂刷

采用滚筒或刷子进行涂刷施工，先横向再竖向后横向涂刷三遍保证厚度 >1.2m，墙阴角处不应堆积防水、下水及出水口管根处用刷子进行涂刷强化处理。涂刷完成在门口设置隔离板阻挡人员进入，如图 8-35 所示。